米米酱的黏土手办教程

米米酱 编著

人民邮电出版社

北京

图书在版编目（CIP）数据

米米酱的黏土手办教程 / 米米酱编著. -- 北京：
人民邮电出版社，2019.7
ISBN 978-7-115-50972-7

Ⅰ．①米… Ⅱ．①米… Ⅲ．①粘土－手工艺品－制作
－教材 Ⅳ．①TS973.5

中国版本图书馆CIP数据核字(2019)第049779号

内 容 提 要

本书是一本讲解黏土手办制作基础知识的图书。

全书共有 8 章，第 1 章为黏土手办制作材料与工具的介绍，第 2 章为动手前的知识储备，第 3 章到第 8 章分别为 Q 版小哥哥、Q 萌唐装美少女、唯美古风黏土画、萌系学院女生、跪姿等身白裙少女和礼服少女 6 个精选手办制作案例。书中不但有案例制作难点的解析，制作小技巧的讲解，并且图解步骤清晰，还可以扫描前勒口的二维码，观看清晰的视频教程。

本书是一本适合手工爱好者、黏土手办制作爱好者的入门图书。赶快动手，打开黏土世界的大门吧！

◆ 编　著　米米酱

　　责任编辑　王雅倩

　　责任印制　陈　犇

◆ 人民邮电出版社出版发行　　北京市丰台区成寿寺路 11 号

　邮编　100164　电子邮件　315@ptpress.com.cn

　网址　https://www.ptpress.com.cn

涿州市般润文化传播有限公司印刷

◆ 开本：787×1092　1/16

　印张：11　　　　　　　　　　　2019 年 7 月第 1 版

　字数：252 千字　　　　　　　　2024 年 12 月河北第 17 次印刷

定价：69.80 元

读者服务热线：(010)81055296　印装质量热线：(010)81055316
反盗版热线：(010)81055315
广告经营许可证：京东市监广登字 20170147 号

大家好，我是米米酱，职业手作人，MM 粘土工作室的创始人。目前经营一家主要销售黏土及工具的淘宝店"MM 粘土工作室"，并定期开办实体线下课，是头条、哔哩哔哩、半次元、微博等多个网络平台认证的人气手作达人，哔哩哔哩签约 UP 主。喜欢二次元的文化。

一次偶然的机会我接触了超轻黏土，虽然一开始我一知半解，无处入门，但经过不断观察、理解、尝试和练习，现在我已经可以随心所欲地做出自己喜爱的角色了。我捏塑的每一个作品，带着手心的温度，都注入了我对作品的理解。亲手制作手办是一个美好的过程，不同于机器制造的冰冷，这是手作人用自己的双手赋予作品灵魂和温度的创作，在此间获得的满足和感动也温暖着每一个手作人的内心。

这是米米酱的第一本关于黏土手办制作的书，很开心能给大家分享属于黏土的"温度"，整本书有 6 个不同人物角色的制作，由易到难，由简入繁地向大家展示了各种制作方法和技巧，希望这本书对喜爱黏土工艺和热爱手办的小伙伴有所帮助，让大家在制作工艺上提高一个层次，更好地制作出属于自己的黏土作品。米米酱更希望大家在创作手作的过程中体验到手作带给我们独特的幸福感，给自己的内心种一个小太阳。

MM 粘土工作室：米米酱

目 录

目录

目 录

制作黏土手办的
材料与工具

第1章

1.1 制作手办的黏土

1.1.1 作者常用黏土

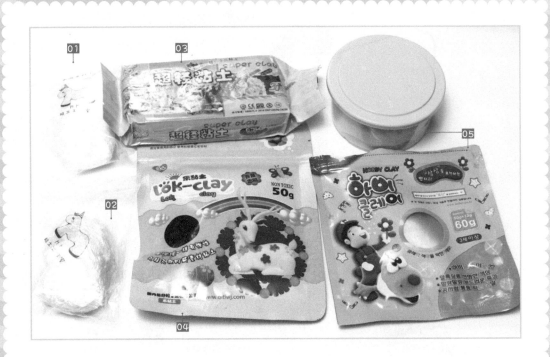

01 树脂黏土　　02 特殊银色树脂土　　03 小哥比超轻黏土　　04 天乐超轻黏土　　05 韩国超轻黏土

1.1.2 常用黏土的特点介绍

常用超轻黏土

本书手办案例作品使用的是超轻黏土。超轻黏土可塑性强，可随意捏制出不同的形状；超轻黏土定形快且自然风干即可，不需要烤制，在操作上省去了很多麻烦。

图中的小哥比和天乐两种超轻黏土无异味，质感细腻，塑性强，干燥后不膨胀、不变形。

推荐韩国超轻黏土 loveclay 的肉色超轻黏土，此土揉搓塑形之后表面光滑细腻。做人物时用肉色超轻黏土压脸型，做躯干和四肢是最理想的选择，它能表现人物光滑的皮肤。

树脂黏土

金色与银色的树脂黏土具有金属光泽，在制作一些特殊花纹或者金属道具时会选择这两种黏土。比如上图银色树脂黏土制作了衣襟，用金色树脂黏土制作了魔法权杖部件。

 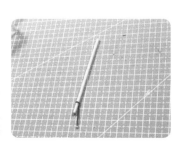

水晶素材土

水晶素材土有通透感，制作玉器和半透明材质的物体时最为合适，比如上图的玉笛，再比如轻盈的纱衣。

1.2 米米酱的手作工具

1.2.1 塑形工具

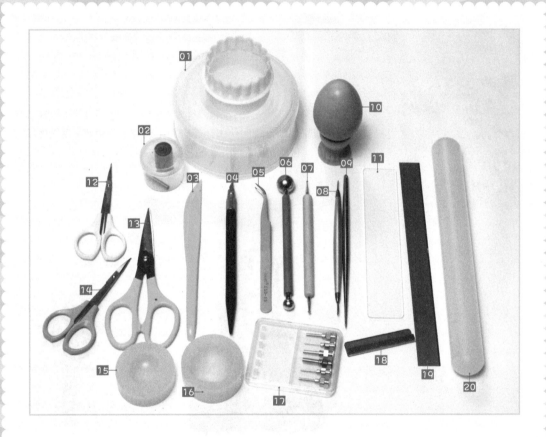

01 双面圆形压模工具	02 切圆工具	03 压痕刀	04 刻刀
05 镊子	06 丸棒	07 压痕笔	08 开眼刀
09 棒针	10 蛋形辅助器	11 压板	12 小剪刀
13 大剪刀	14 弧形剪刀	15 等身人物脸型模具	16 脸型模具
17 针孔压圆工具	18 短刀片	19 刀片	20 擀泥杖

双面圆形压模工具

它用于切出圆润的圆形或者将黏土边缘切出整齐的圆弧边；用其反面可以压出波浪花边。

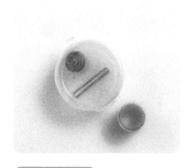   

切圆工具 这些切圆工具相对小巧一些，可切出半圆、圆、同心圆和脖颈圆凹槽。

压痕刀 压痕刀用来制作黏土上的线条痕迹，可压制发丝、服饰痕迹。

镊子 粘贴细小物体或者小转角时，用手不好控制，就可以使用镊子操作；制作波浪花边时也可使用镊子。

刻刀 切割细小物体或者小巧黏土形状时使用刻刀。

丸棒和压痕笔 使用丸棒和压痕笔来压制圆形凹口最为快捷且凹口圆润。

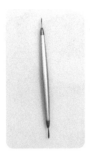     

开眼刀 开眼刀侧面可以用来制作压痕，正面可用来抹平黏土边缘。

棒针 棒针的用途比较多，常用于调整服装褶皱。棒针两端用法有所区分，圆头适用于宽大褶皱的制作，尖头适用于细密褶皱的制作。

蛋形辅助器 蛋形辅助器可辅助制作圆弧形的黏土片，常可用来制作裙子、帽子还有头发发片。

压板 压板可用于搓长圆柱体和压薄片。

剪刀

常用剪刀有三种，小剪刀修剪细节，大剪刀剪断黏土，弧形剪刀修剪有弧度变化的黏土外形。

脸型模具 脸型模具有很多种，包子脸、萌系动漫脸、等身人物脸。这些模具可以快速制作出标准的脸型。

    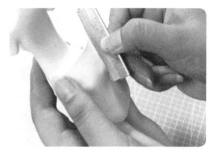

刀片 刀片经常用于切长条薄片或者圆弧薄片。

短刀片 短刀片更好掌控些，需要修整外形时最好用短刀片，可以制作细节。

针孔压圆工具 制作小圆花纹时，切圆工具都太大了，这时就要选用针孔压圆工具来制作。

擀泥杖 快速将黏土擀制成薄片的有力工具。使用擀泥杖做出来的薄片厚度均匀，且薄片厚度可调整。

1.2.2 上色工具

01 丙烯颜料　　　02 眼影　　　03 便笺　　　04 毛笔　　　05 刷子　　　06 铅笔和橡皮

丙烯颜料

丙烯颜料与白色黏土可以混出一些漂亮的颜色，比如玉石颜色；而其最为常见的用途是绘制，用于画五官、画图案都可以。

眼影

眼影是给黏土表面上色的材料，最为常见的用途是给肤色刷上红色，也可以用来绘制妆容。

 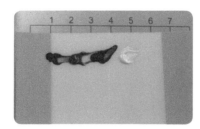

便笺

选用表面有一层薄膜的便笺，可以在上面调色，用完就撕下来，方便省事。

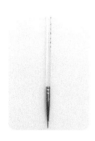  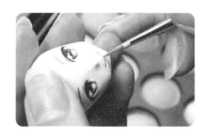 

毛笔 毛笔是用来调配颜料给手办上色的，常用于绘制五官，其次用于在黏土上画上一些图案。

刷子 刷子在手办制作中用来蘸眼影给人物皮肤涂上红粉，使皮肤显得红润白皙。

铅笔和橡皮

常用来在黏土上绘制花纹线稿，或在脸型上绘制五官。

1.2.3 固定工具

 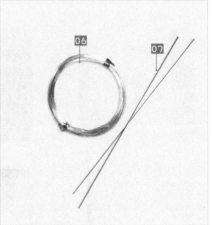

| 01 UV 灯 | 02 UV 胶 | 03 B-7000 胶水 | 04 502 快干胶 | 05 白乳胶 | 06 铁丝 | 07 铜丝 |

UV 灯、UV 胶

用 UV 灯照射能快速干燥固定 UV 胶，在固定花枝时 UV 胶是最理想的选择；UV 胶也可以用于制作小饰品，可以用饰品材料与 UV 胶组合出不同风格的饰品。

502 快干胶

502 快干胶主要用于不易固定黏合的部分，或需要短时间黏合定形的位置。用 502 快干胶几秒钟即可搞定。

B-7000 胶水

主要用于一些小饰品小钻的黏合，它是一种特殊环保型黏合剂，开盖即可使用，操作方便。黏合时间大约 10 ～ 15 分钟，干燥后材质透明。

白乳胶

白乳胶是用途范围最广、最频繁的一种黏合剂，干透后透明度高，具有很好的韧性，非常适合黏土之间的黏合。

铁丝

固定关节衔接，如手臂、头颈的衔接，用铁丝固定后可转动调整它们的位置方向。

铜丝 铜丝稍微比铁丝细一些，可用黏土薄片包裹铜丝来制作长棍。手办制作中铜丝最为常见的用途是固定双腿，将铜丝从鞋底对穿双腿，可固定双腿并保持双腿直立。

1.2.4 垫板工具

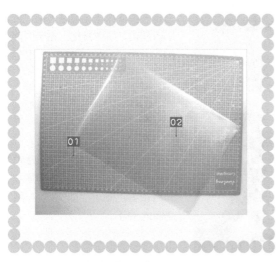

01 手工垫板　　02 文件袋

手工垫板 手工垫板不粘黏土，并且垫板上的标尺也可辅助测量手办的尺寸。

文件袋 用树脂黏土制作手办时可用塑料文件袋当作垫板。

1.2.5 晾干台

01 泡沫晾干台　　02 针孔木板晾干台

晾干台 黏土放在泡沫晾干台上不会被挤压变形。可将黏土手办借助铜丝固在针孔木板晾干上晾干。

1.2.6 光滑去痕工具

01 水性亮油　　02 抹平水　　03 酒精棉片

水性亮油　　在黏土表面刷上一层水性亮油可使黏土表面有光泽，一般制作皮鞋、有光泽的饰品时可刷一层水性亮油；也可以在绘制好的眼球上刷一层，使眼睛水润剔透。

抹平水　　黏土块衔接时有一条痕迹，在接缝线上刷一层抹平水，再调整，可去掉痕迹。

酒精棉片　　接缝处刷上抹平水后可用酒精棉片擦拭去掉痕迹，或者黏土表面有脏污时也可用酒精棉片清除。

1.3.1 饰品材料

01 编织纹模具　　02 金属花片　　03 半圆形珍珠　　04 水晶钻　　05 鱼子酱珠　　06 气泡珠

编织纹模具 将黏土擀成薄片，覆盖在模具上，轻轻压制，可轻松制作出编织痕。

金属花片

将这些金属花片贴在腰带、头饰上，可装饰服装或者制作头饰。

半圆形珍珠 半圆形珍珠可以当作装饰品贴到相应位置。

水晶钻 水晶钻与半圆形珍珠的用法一致，根据手办的需要选择不同的装饰。

气泡珠 气泡珠的材质呈半透明，颗粒圆润，一般用作饰品材料。

鱼子酱珠 鱼子酱珠比气泡珠小很多，不透明，其用途与气泡珠一致。

1.3.2 干花

干花在手办制作中都是用来做装饰的，一般购买花朵小巧的干花。本书案例中的干花一个是用于制作花篮，一个是具有古风效果的小红花树枝。

手办黏土制作的
基础知识

第 2 章

2.1.1　必备黏土颜色

三原色"红、黄、蓝"和黑白两色是无法通过调色而得来的，所以红、黄、蓝、黑和白色黏土需要购买。而肉色黏土在制作手办时用量比较大，虽然可以通过 白、红、黄三色黏土混合出肉色黏土，但因比例不同，肉色黏土会有色差，所以肉色黏土也需要购买。

2.1.2　调色知识

使用三原色黏土混合可以混出一些常用颜色，这是制作手办调配黏土颜色重要的基础知识。

蓝加红为紫，蓝加黄为绿，红加黄为橙。改变三原色黏土的配比，调配出的黏土颜色也会随之变化，如当红黄两色比例为 2:3 时，可混合出橙红色，当红色比例极小时可混合出橙黄色。

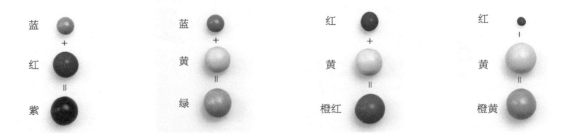

三原色调出来的颜色为间色，用间色再调色为复色。

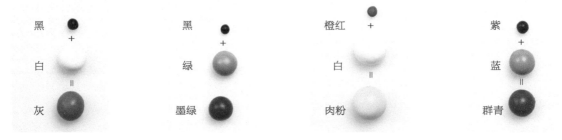

2.2 基础形体的制作手法

黏土手办的制作都是从基础形体开始的，如（圆）球、方、水滴、棱形、薄片和长条，而这些基础形体都是从球形体开始。

2.2.1 球形体

01 先将黏土揉捏一下。　**02** 将黏土置于手掌中。　**03** 双掌顺时针转动黏土。

04 持续顺时针转动，直至黏土被揉成球形体。

2.2.2 方形体

01 将球形黏土放在垫板上，取压板压制黏土。　**02** 翻面重复步骤01的动作。　**03** 将没被压过的面翻到顶面，重复步骤01的动作。

  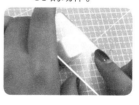

04 轻轻地捏住黏土，左手拇指和右手食指捏住一个角向中间挤。　**05** 继续捏着这个角，右手拇指在顶面推向这个角，重复动作将其他角捏成直角。　**06** 最后用压板压一下6个面。

2.2.3 梭形体

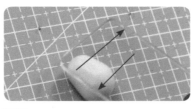

01 将球形黏土置于垫板上，倾斜压板，搓动黏土，球形黏土变成了水滴形。

02 将水滴反转，用步骤01同样的方法来回搓动黏土，水滴形变成了梭形。

2.2.4 长条

方法一

将黏土揉搓均匀，双手各捏一端向左右两侧拉扯。

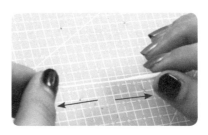

方法二 先将黏土揉成球形体，再放在垫板上，用压板搓成长条。将手指轻轻放在长条上，手指上下搓动，慢慢向一侧移动，重复动作向另一侧搓动。

2.2.5 薄片

擀薄片

先用压板把黏土搓成长条，再压扁。用擀泥杖来回擀制，可转动黏土再擀。擀薄片时变动黏土方向可改变黏土的长度与宽度，擀动次数可改变薄片的厚度。

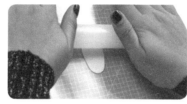

切长条薄片 擀出薄片之后用刀片垂直下切，将黏土一个边缘切整齐之后，在整齐的黏土边缘上侧再次下切，薄片长条就切出来了。在制作黏土手办时需要不同宽度大小的薄片长条，这就需要在切薄片时改变第一刀与第二刀的间距。

切半圆薄片

制作手办时经常需要切半圆薄片，先将薄片边缘切整齐，再弯曲刀片并下切，一片半圆薄片就切出来了。

2.2.6 压花

花纹一 用小号丸棒在黏土上压出圆形凹槽，紧挨上一个圆形凹槽连续下压，组成一条圆形凹槽线，花纹就压制好了。这种花纹在黏土手办中经常作为服饰花边，或者作为蓬蓬袖的接缝口。

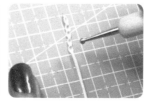

花纹二 在整齐的黏土边缘用丸棒轻轻下压，再往边缘一侧推一下，紧接压纹重复动作，可爱的圆孔蕾丝边花纹就做好了。

花纹三 用丸棒轻轻压住黏土，由内侧向外推动，再紧挨压纹由外向内推动黏土，重复动作，波浪纹蕾丝边花纹就制作好了。

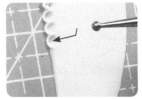 

花纹四

先用丸棒大头一端下压，向外推，制作一条圆孔凹槽纹，再换小头在间隔处下压。

2.2.7 编花

花纹一 先在薄片上切一块长条，用双手手指每间隔一小段距离捏住两端，向中间推；重复动作，波浪纹花边制作完成。

花纹二 用双手每间隔一小段距离捏住长条两端，再向中间推，先向下收紧；再重复动作将黏土向中间推，这次向上收紧；重复上下收紧，花边就编完了。

花纹三 先用刀片切出圆弧形薄片，用双手每间隔一段距离捏住两端，向中间推。编织时收紧圆弧内侧；用棒针挑一下波浪纹，花纹三就编织完成了。

Q 版人物有 3 头身和 2.5 头身两种比例，2.5 头身的 Q 版人物成品因头部稍微偏大而显得更加可爱些。下面以本书成品为参考来分析 Q 版人物的头身比例。

脸部（不包括头发）、躯干、双腿的比例以1 1 1:为参数捏制。

成品完成之后以头部（头部加上头发）为标准，整个人物为2.5头身。

2.3.2 萌系人物比例

萌系人物最适合制作可爱的手办人物，在制作青少年和美少女时这种比例为最佳选择。以下这个学院型美少女手办人物就是 5 头身的萌系人物。

躯干为 1 个头，腰胯为 0.5 个头，腿长 2.5 个头。

2.3.3 等比人物比例

等比人物以 7 头身的比例为最佳，这个比例的手办人物成品显得更加成熟，没有萌系人物的稚嫩。以下是一位成熟漂亮的礼服女孩，躯干是 1.5 个头，腿为 4.5 个头，这样的比例更能表现出良好的身材。

Q版小哥哥

Q版的比例
与双色的拼接

第 3 章

小哥哥

本章重点讲解 Q 版比例与双色的拼接。不算头发的话,这个 Q 版小哥哥是 3 头身比例,头部、躯干和双腿基本等长,制作时可以在垫板上测量一下大小。从成品图可以看出,这个案例的制作亮点在于红色与白色的拼接,接下来从案例制作中学习这一制作手法。

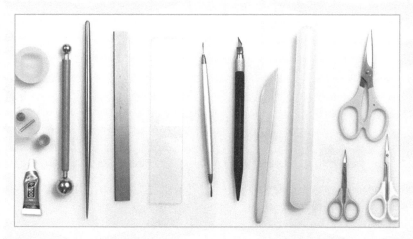

必备工具:

脸型模具、大剪刀、
小剪刀、弧形剪刀、
棒针、丸棒、压板、
开眼刀、擀泥杖、
刀片、切圆工具、
压痕刀、B-7000
胶水和刻刀。

上色工具:

颜料、毛笔、眼影、
刷子、铅笔、橡皮
和便笺。

使用黏土:

蓝色、红色、白色和
肉色黏土;

用不同比例的蓝色和
红色黏土分别混合成
深蓝色和赭红色黏土。

🍥 3.1.1 制作脸型 🍥

01 准备包子脸的脸型模具，取适当肉色黏土揉捏成球形体。将肉色黏土按入模具中，用拇指轻轻挤压并向上推动，边缘预留一些黏土；轻轻捏住预留的黏土，向上拔出模具中的黏土。

02 将多余的黏土剪去，一个超可爱的 Q 版包子脸型就制作好了。

🍥 3.1.2 制作双腿 🍥

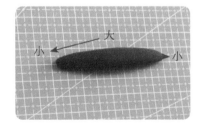

03 用蓝色黏土加一点红色黏土，调出深蓝色，先揉圆，再搓成长条。注意长条的外形是两端小，中间大。

04 用右手大拇指托住长条中间，用手指将两端下压，做出双腿的基础形。用拇指和食指将臀部两侧和上方捏平整。

05 用拇指从臀部下方将黏土向上推，再用食指和拇指将臀部两侧向中间捏，制作出上图展示的外形。

06 用垫板上的标尺测量腿的长度为 6 个格子的长度，将裤脚处多余的黏土剪去，再用压板将双腿对齐。

07 用棒针压出裤子上的褶皱，用棒针的尖头一端来压裤裆的褶皱，方向是由内向外散开。用棒针的圆头一端来压裤腿的褶皱，方向由外向内侧按一个方向走。

斜角剪切

08 取深蓝色黏土搓成长条，再压扁。将一端斜角剪并切贴于拉链处。

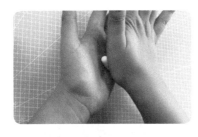  

09 取白色黏土搓成长条，长条的大小与裤脚相同，再将一端折 90°，做出长筒靴的基础形。

鞋帮用食指、拇指来回搓动。

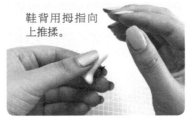
鞋背用拇指向上推揉。

10 用手指来回搓动鞋帮，搓均匀。再用拇指把鞋背调整成流线型，将鞋底捏平。

鞋底到鞋面最高处的厚度为 1 个格子的高度

11 用垫板上的格子测量，鞋底至鞋面最高处的厚度是 1 个格子的高度，将鞋帮多余长度剪去，鞋口用丸棒压出圆形凹槽。

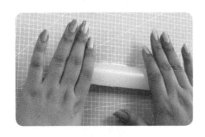  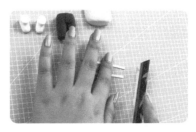

12 取白色黏土擀成薄片，用刀片在白色薄片上切出长条。

13 从鞋帮后侧中心点开始贴白色长条。

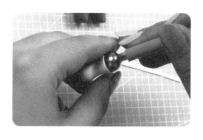  

14 再一次用丸棒压一下鞋口，依据靴子长度再一次剪去双腿多余的部分。用垫板上的标尺测量，腿加靴子长度为 7 个格子的长度。

🌀 3.1.3 制作躯干 🌀

15

取肉色黏土先搓成球形体，再搓成水滴形。将其置于手掌中心，用手掌压扁。

双指在腰部位置向内挤压

16 双指捏住尖头那段搓出一个圆柱，作为脖子。双指捏住躯干左右，向中间挤压，再调整出腰身形状。

 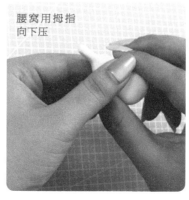 

颈肩位置揉均匀

腰窝用拇指向下压

17 用手指慢慢调整颈肩弧度，压一下腰窝位置，依据头部长度将躯干多余的黏土剪去。

腰窝位置用拇指由上向下推一下，调整腰窝的弧度

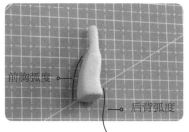

前胸弧度

后背弧度

18

用手指调整躯干前胸与后背的弯曲弧度。

Q 版的 3 头身比例

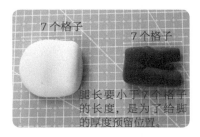

7个格子

7个格子

腿长要小于7个格子的长度，是为了给脚的厚度预留位置。

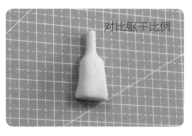

对比躯干比例

不算头发的话，这个 Q 版小哥哥是 3 头身比例，头部、躯干和双腿基本等长。制作时也是稍微把双腿加长，躯干减短，但整体比例为 3 头手办的比例。在捏制时可以利用垫板来测量它们的长度。

3.2 制作服装

◎ 3.2.1 制作外套 ◎

用拇指将躯干黏土向下揉，与腿部连接。

19 将躯干与双腿拼接到一起，用拇指由上往裤腰处抹，使躯干黏合。

20 取深蓝色黏土先搓成长条，再擀成薄片。宽度大于 7 个格子的宽度，长度为宽度的两倍。

刀片

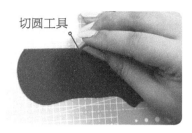
切圆工具

21 用刀片将薄片一端切整齐，再利用刀片和切圆工具切出一个三角和一个圆弧缺口。

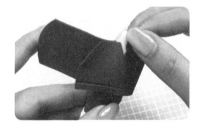

22 将三角缺口居中对齐前颈，将圆弧缺口对齐后颈，将薄片贴在躯干上。

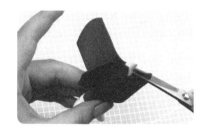

23 将深蓝色薄片挨着躯干的边缘部分捏实，将一侧多余的黏土剪去，上衣的贴身制作雏形就做出来了。

衣服的褶皱向一个方向聚集。

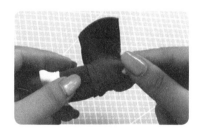

24 用压痕刀将薄片挑一下，再用棒针在腰侧按一个方向压出褶皱。

25 压实另一侧上衣薄片，将多余的黏土剪去。在后背上捏出服装褶皱，用手指和压痕刀调整接缝处。

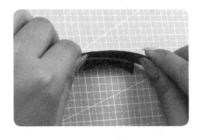
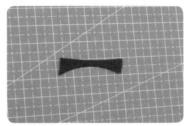

衣领向外翻

26 在深蓝色黏土薄片上先切出一块长方形薄片，再将刀片弯曲切出一个弧形缺口。如图所示，贴在衣领处。

27 将衣领剪出一个三角缺口，再用开眼刀抹平整。

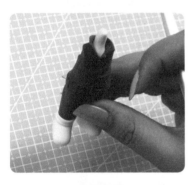

28 将衣领做好后，用压痕刀对齐领口，在上衣前胸处压出一条直线当拉链线。

◎ 3.2.2 制作花纹 ◎

29◀ 切出白色细长条，斜切细长条的两端，将细长条居中贴在胸口。

  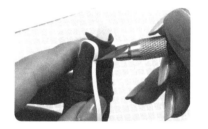

30◀ 再次对齐斜角，从前胸绕过肩膀到后背，用刻刀斜角切断长条。

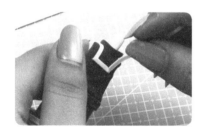 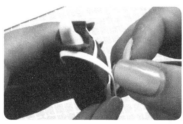 

31◀ 重复动作，将白色长条绕回前胸开头位置，每次对齐都是斜角。

32◀ 用剩下的长条制作一个口字形图案，将口字形图案贴在肚子上。

33
将深蓝色黏土搓成一根细长条，从衣服下摆往上贴在拉链口上，再用深蓝色薄片切一个三角形作拉锁。

34 将深蓝色黏土搓成长条并对半剪开，再用丸棒在袖口压出圆形凹口。

袖口正好在腰胯位置

35 用棒针调整袖口，拿出做好的躯干并对比手臂的长度，再用棒针在肘部压一些褶皱。

36
将制作好的手臂与肩膀对齐，粘贴好，可以将手臂做一个前后的摆动姿势。

01 取两种颜色的黏土擀成薄片，在这个案例中用的是赭红色和白色。

02 在垫板辅助线的帮助下将两种颜色的黏土片一端切齐。

03 将两色黏土整齐的一端拼在一起。

04 用刀片稍微向内倾斜整齐切出长条。

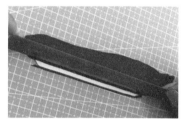

05 用相同的方法将红色拼接在白色黏土另一端，再一次切出长条。

06 将拼接的双色黏土两端剪整齐。

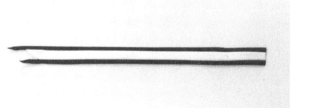

制作完成！

37

将做好的彩色黏土花纹居中对齐肩膀，贴在袖子上，袖口处彩色花纹可向内卷一下。

居中对齐

使彩色花纹向衣袖内部包裹

38 剪去多余黏土，用开眼刀将花纹两端向内压，使花纹有一个包裹效果。

3.3 制作双手

39 先取肉色黏土搓成长条，用拇指将一端压扁，手掌的雏形就制作出来了。

40 用棒针的圆头一端在掌心压一下，再将大拇指剪出来。

41 用棒针调整大拇指的圆润度，再将指尖剪圆。用开眼刀压出剩余指头。

 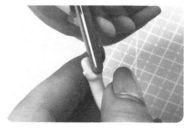 

42 用开眼刀将指尖压圆润，再按照压痕将手指剪出来。

43

在掌心位置用棒针压出窝，双手就制作好了。

 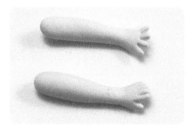

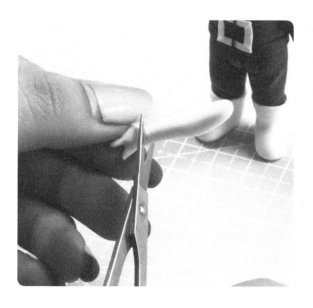 

44 将多余黏土剪去，把小胖手贴到袖口。

小贴士　手掌的制作要点

要点 01 手掌部位要压扁。

要点 02 大拇指与食指的间距要比其他手指之间的距离宽。

要点 03 掌心是一个内凹的窝。

要点 04 Q 版小手胖胖短短的，很萌。

3.4 制作头部

3.4.1 绘制五官

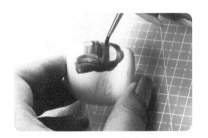

45 先用铅笔将五官勾画出来，再调赭红色颜料，在左眼区域平涂，涂色注意颜色均匀。

46 用白色颜料平涂眼白，眼球部分留白。

47 用黑色颜料勾画眼线和眼球轮廓。

48 用灰色颜料画出眼白上的投影。

49 眼球的颜色一个为紫色，一个为绿色。

50 用黑色颜料画出瞳孔、双眼皮和眉毛。

51 用刷子蘸红色眼影在脸颊上刷上腮红。

52 图中为画上腮红之后的脸部效果。

53 用白色在眼球上画上高光。

◎ 3.4.2 制作头发 ◎

脖子位置居中向后

54 用切圆工具将脖子的位置掏出来，再取白色黏土搓成半球。

55 将脸型贴在白色半球上，半球下面对齐脸型，上面超出一点点位置。

56 取赭红色黏土用压板先将其搓成长条，再压扁，发片的薄片中间厚四周薄。

用拇指将发片黏土边缘向上推。

57 将发片分组剪出发丝，再从后脑勺开始贴发片。

58 再用压痕刀压制发丝痕迹，用拇指压一下发片，调整位置，最后将多余的黏土剪去。

中间位置

59 再次用压痕刀在发片上压出发丝痕迹，调整发片的位置。将赭红色发片贴在后脑勺左侧。

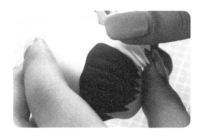

60 剪出白色发片，用相同的方法粘贴以及压出发丝痕迹，将白色、赭红色发片在中间位置黏合。

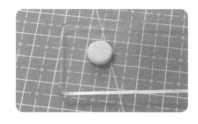

61 取肉色黏土搓圆，再压扁。

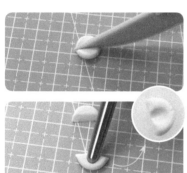

62 用压痕刀将圆形薄片对半切开，再用棒针圆头在半圆上压一个圆形凹口。

63 左右耳朵上下对齐上眼皮和鼻子位置，贴在脸两侧。

64 先将赭红色黏土搓成长条，再将一头搓尖，用压板将其压扁，注意薄片要中间厚四周薄；取压痕刀在薄片上分组划出发丝。

第二层头发是长一些的发片

65 依据压痕剪出发片，对齐中分线，将发片贴在头顶，再用压痕刀压出发丝痕迹。

中间平分

66 继续往边缘贴发片，发片开端都在头顶位置。贴发片时不要留出间隙，使发片紧紧贴合。

67 准备一片左右分叉的发片贴在鬓角位置。

68 再剪一片宽一些的发片贴在鬓角发片上，压住鬓角。

69 在后脑勺与留白的间隙处贴上一片发片，注意开端在中分线上。

70 将薄片置于蛋形辅助器上，将发片制作出弧度，再用压痕刀分组压出发丝，按照压痕剪出发片。

71 对齐中分线，贴上刘海。

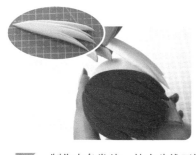  

72 制作白色发片，从中分线开始向边缘贴发片。

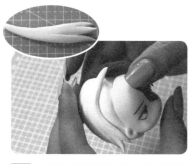  

73 对比耳朵的位置，贴上发片，后脑勺的发片就基本贴好了。

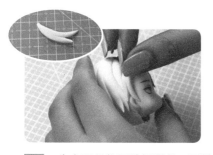  

74 先在耳朵位置贴好鬓角，再继续贴发片。

75 额头位置贴上白色发片，到中间位置结束。贴刘海时要避开眼睛，不要将眼睛遮挡住。

76 在空隙处贴上一片赭红色刘海，注意避开眼睛。

77 将刀片弯曲，在赭红色薄片上切细丝，贴在发旋处。

78 将赭红色黏土揉圆，再剪出椭圆形，调整椭圆的形状，做成翘起的短发。

79 按同样的方法贴上白色翘起的短发，小哥哥的头发就做好了。

3.5 制作猫形象

✿ 3.5.1 制作猫耳 ✿

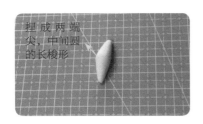  

捏成两端尖、中间圆的长梭形

80 取白色黏土搓成长梭形，再用压板压扁成一个椭圆形薄片。

B1 用压痕刀将椭圆形对半切开，用压板侧面在耳朵中间压一条痕迹。

 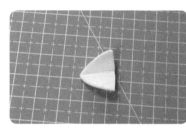

B2 修一下耳朵的形状，剪出尖尖的角来。

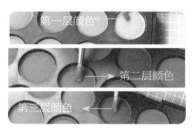 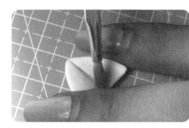 

第一层颜色
第二层颜色
第三层颜色

B3 在耳朵内侧画上红色。第一层画肉色，第二层画红色，第三层画深红色。

B4 用 B-7000 胶水将耳朵固定在头顶两侧，注意耳朵要对齐。

🌀 3.5.2 制作猫尾 🌀

  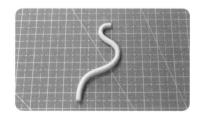

B5 取白色黏土用压板搓成长条，再将其弯出弧度，制作出猫尾巴。尾巴干燥后，将尾巴固定到小哥哥屁股上，猫属性的小哥哥就制作好了。

Q萌唐装美少女

唐装与花卉元素
的装饰制作

第4章

唐装
美少女

本章重点讲解唐装与花卉元素装饰的制作。这个 Q 版唐装美少女的特色是她的装扮，具有中国特色的改良唐装，搭配荷花发饰，使她古韵十足。采用荷花作为服饰的花纹点缀，再用荷花和穗子作为发饰以及服装装饰。

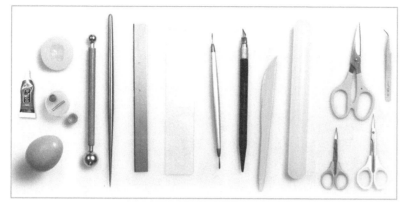

必备工具:

脸型模具、大剪刀、小剪刀、弧形剪刀、丸棒、棒针、擀泥杖、切圆工具、刀片、开眼刀、压板、刻刀、B-7000 胶水、镊子、蛋形辅助器和压痕刀。

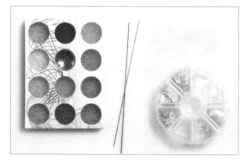

装饰材料:

半圆形珍珠、气泡珠、铜丝和金属花片。

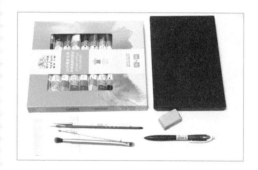

上色工具:

铅笔、橡皮、颜料、毛笔、眼影和刷子。

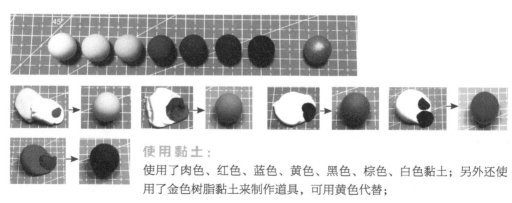

使用黏土:

使用了肉色、红色、蓝色、黄色、黑色、棕色、白色黏土；另外还使用了金色树脂黏土来制作道具，可用黄色代替；

用黄色、白色和红色黏土混合出淡黄色黏土；用白色、蓝色和红色黏土混合出浅蓝色黏土；

用白色和棕色黏土混合出浅粉色黏土；用黑色、白色和棕色黏土混合出深灰色黏土；

用红色、蓝色黏土混合出赭红色黏土。

4.1.1 制作脸型

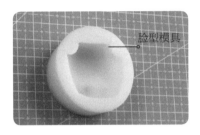
脸型模具

将尖角对准
模具鼻子处
并下压黏土

01 准备脸型模具，将肉色黏土搓成一个尖尖的水滴形，尖角对准鼻子并将黏土压入模具中抹平，顶端预留一些黏土。

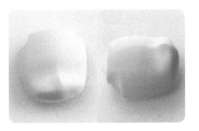

02 捏住预留的黏土将模具中的黏土拔出，将多余的黏土剪去。

4.1.2 制作双腿

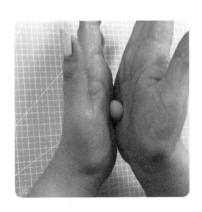

03 将混色后的浅蓝色黏土搓成两个水滴形，注意保持它们的大小的一致。

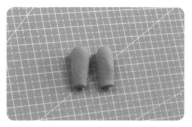
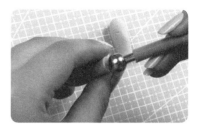

04 用丸棒在裤脚处向内压出圆形凹陷。

05 在膝盖处用手指来回搓动，调整出大腿和小腿的形状，双腿制作好之后检查一下是否对称。

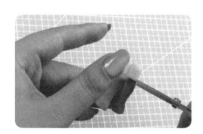

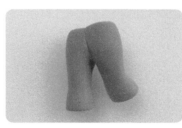
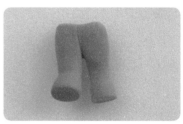

06 将双腿并在一起，调整出一个向前跨步的动作，将多余的黏土剪去。取棒针压一下裆部，再用手指将胯部捏平整。

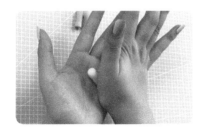

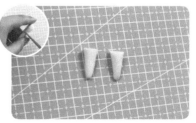

07 取肉色黏土搓成一个水滴形，将多余的黏土剪去。将尖头那端作为女孩的脚。按同样的方法制作另一只脚，双脚大小保持一致。

   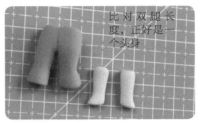

比对双腿长度，正好是一个头身

08 将刚才剪下来的尖头按在垫板上，压平，再用双指捏住一边做出脚掌，最后用手指在脚腕处来回搓动，双脚就做好了。

09 取调配好的蓝色黏土擀成薄片。

10 用刀片将一边切整齐，在整齐边缘用切圆工具切出一个圆弧，再将另一边切整齐，切的时候与圆弧间隔一段距离。

  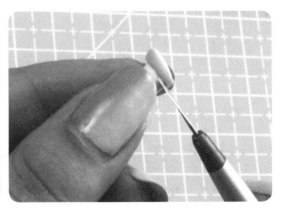

11 将薄片的圆弧对齐脚背，用薄片包裹小脚，薄片在脚后跟处收口，最后将多余的黏土片剪去。用开眼刀将鞋边压紧。

  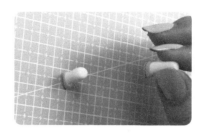 

12 取粉红色黏土按照小脚的长度搓成长条，再压扁。将刚才贴好鞋面的小脚对齐粉色薄片四边，粘上去，再快速提起来。

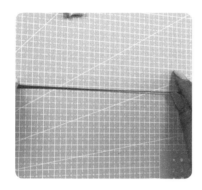 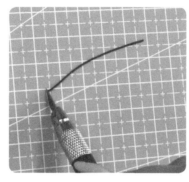

13

将赭红色黏土捏成一小块，将其向两边拉，一根细细的长条就出来了。根据需要切出长度适中的一段。

14 用细长条从后脚跟开始围绕鞋口包一圈。

15 将制作好的小脚置于手中，将多余的部分剪去。捏住双腿，把剪好的小脚粘在裤口处。

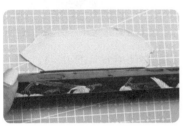

16 取淡黄色和赭红色黏土擀成薄片，用刀片将黏土切整齐并拼接到一起，依据需要切出双色黏土薄片。

黏土片的接缝收口要点

要点 01 接缝的位置

依据服装剪裁、缝纫安排黏土片的开端和收口，如图。裤管上的花纹的接缝就在腿外侧居中位置，再比如鞋子赭红边的接缝就在脚后跟中间位置。

要点 02 接缝的遮挡

接缝线可以用装饰遮挡，如图，裤口就是用赭红色穗子做遮挡。考虑这是唐装，服装上的装饰有盘扣、平安扣、吉祥结、穗子等。首先用开眼刀在接缝处下压一个凹口，再将制作好的穗子粘贴上去。

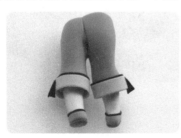
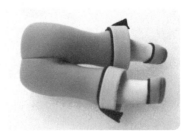

4.1.3 制作躯干

17 取调配好的浅蓝色黏土搓成水滴形，用拇指挤压圆头那端，先抹平再用指腹向内压出一个凹口痕迹。

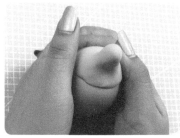  

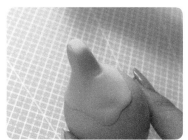

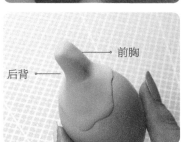

后背 —— 前胸

小贴士

躯干的制作要注意后背的曲线，腰窝处向内凹，前胸有一个向前弯的流线弧度。

18 用蛋形辅助器可以将黏土制作成一个均匀平滑的圆弧形，做发片和裙子使用。先将捏好的躯干雏形凹口朝下，置于蛋形辅助器上，用手指由上至四周抹做出裙摆；再用手指挤压躯干，捏出躯干的外形。

 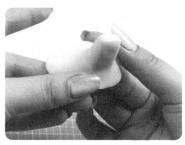 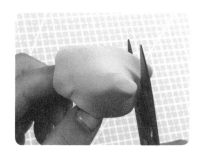

19 将躯干从蛋形辅助器上拔起，将裙摆剪成平滑的圆弧形。

20 依据3头身比例将躯干多余部分剪去，再用棒针压制出布纹褶皱，布纹由内向外散开。

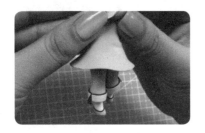 

21

用食指与拇指捏住肩膀，将肩膀捏出平整的棱角。

4.2 制作服装

 荷花花纹绘制方法

01 先用绿色和白色的混色来绘制荷叶正面，再用绿色绘制荷叶反面。

02 用小号毛笔蘸深绿色颜料勾画荷叶叶脉以及轮廓线。

要点

先画浅色，再画深色。

03 用白色混合一点红色，先把荷花的外形涂出来。

04 再用红色勾画荷花的尖，分出荷花的花瓣。

◎ 4.2.1 制作花边 ◎

从裙摆后方中缝开始

调整裙摆
起伏

22 用裤管花纹的制作方法准备花纹薄片，从身后侧中间开始围绕裙摆一圈。

23 贴好花纹之后用手指捏一下调整裙摆的起伏。

◎ 4.2.2 制作上衣 ◎

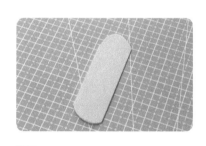

24 取淡黄色黏土擀薄片，用切圆工具切出一个圆弧缺口。

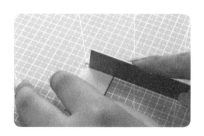

25 居中对比圆弧缺口，用刀片压一条直线，再由边缘向直线剪出弧度。

26 将制作好的薄片与前胸居中对齐，贴在躯干上，用手指捏紧肩膀使薄片贴紧躯干。最后将多余黏土剪去。

27 依据服装的剪裁，将上衣两侧多余的黏土剪掉。

28 在淡黄色方形薄片上切一个圆弧缺口，与后背居中对齐，贴在躯干上，将多余黏土剪去。

29 用刀片调整上衣的边缘轮廓，使其平滑。再用开眼刀挑起上衣使上衣与躯干有一个间隙。

30 取肉色黏土搓成一个圆柱，比对脖子的大小调整粗细。再将一端剪整齐，粘上去。

上衣的接缝需要参考服装的剪裁来粘贴，如上衣开衫、领口与前胸居中对齐。

31 切一块淡黄色长条薄片，对齐上衣的开衫处，将薄片围在脖子上。用开眼刀抹平领子与上衣的接缝。

 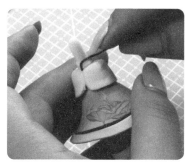 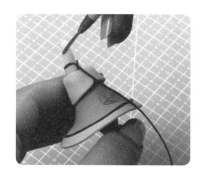

32 用赭红色黏土扯出长丝，从领口开始到开衫处，围着领子绕一圈。用开眼刀压一下长丝，使其与领子贴合。

  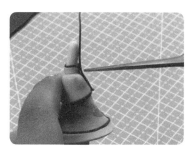

33 继续将长丝围绕上衣下摆绕一圈，再回到领口处，将多余黏土剪去，用开眼刀调整一下。

34 取淡黄色黏土先揉成球，再搓成水滴形。重复操作，制作两个相同大小的水滴形。

35 用丸棒压袖口，将袖口向内压出圆形凹口。再用棒针在肘部位置压出褶皱。

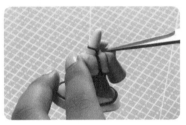

36 对比袖子长度，袖口位置在胯骨两侧，将多余黏土剪掉，再将衣袖的肩部剪圆滑。

37 把修剪好的双袖粘贴好，再捏住肘部调整一下手臂动作。

38 取赭红色和浅蓝色黏土擀成薄片，再拼接花色，用刀片切出长条备用。

39 从袖口上方居中位置开始贴花纹，用薄片整齐地包裹一圈袖口，将多余的黏土剪掉。

 袖口元素的制作

考虑到少女的服装是改良的唐装，服装的装饰元素多采用寓意美好的中国元素，袖口的装饰用了平安扣和穗子。

01
将赭红色黏土揉成小圆球，再压扁，重复4次，将4个小圆球拼接到一起。

02
用丸棒在每个小圆球中间压一个小圆洞，安到袖口接缝处。

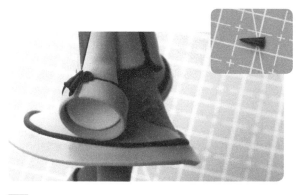

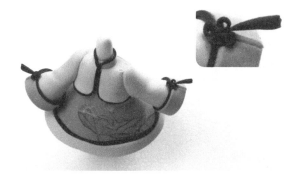

03
切一个穗子安到平安扣的下面，中国元素的服饰花纹就制作好了。

要点
袖口彩片接口朝上，居中对齐，平安扣对齐袖口接缝，穗子居中向下粘贴。

40 取肉色黏土搓成长条，再将一端压扁。在手腕位置来回搓动，调整出小手的雏形。

41 用棒针压一下手掌心，使其有一个窝窝，剪出大拇指，短萌的 Q 版小手雏形就出来了。

   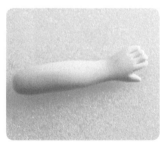

42 取开眼刀压出其余 4 根手指，用棒针调整手指与掌心的弯曲。

43 将棒针置于掌心，把手指弯曲过来，再用棒针压一下手腕和掌纹，小胖手就制作完成了。

4.4.1 绘制五官

44 ▶ 用铅笔勾画好五官线稿。

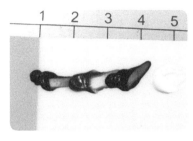

45 ▶ 将需要用到的颜料挤到便笺上。

46 ▶ 用红棕色勾画眼睛和嘴巴轮廓。

47 ▶ 用白色平涂眼白和嘴巴。

48 ▶ 用灰色勾画眼球上的阴影。

49 ▶ 用深绿色先画出眼球的暗部。

50 ▶ 用稀释过的绿色颜料画出眼球的中间区域。

51 ▶ 用白色加绿色颜料的混合色画出眼球的反光。

52 ▶ 用黑色勾画眼球的月牙形阴影。

53 ▶ 用黑色绘制眼线。

54 ▶ 用黑色勾画眼睫毛。

55 ▶ 用红棕色勾一下双眼皮。

56 用深灰色描画眉毛。

57 用白色为眼球点上高光。

58 用红色在脸颊左右两侧画上三条斜短线标出腮红。

59 用刷子蘸取红色眼影，在两颊、鼻梁和眼皮处涂上一层颜色。脸颊颜色较重，眼皮颜色较浅。

🌀 4.4.2 制作头发 🌀

60 用切圆工具切出脖子的圆孔，取深灰色黏土揉成一个球体，比照脸型调整球体大小。

61 将圆球切成半圆，用手指把一端圆弧形捏出齐整的轮廓，把脸型贴到半圆中间。

62 把深灰色黏土下端剪整齐，用压痕刀在深灰色黏土上压出发丝痕迹，剪出一些细节。

63 取丸棒将发尾压平整，头型基本就确定下来了。

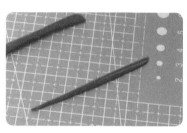

64

鬓角发片的薄片一边薄，一边厚。用压板压出发丝痕迹。

65

依据压痕剪出发片的形状，用手指卷一下发尾，使其微卷。

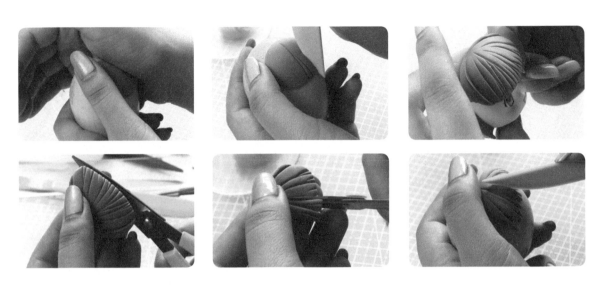

66 制作刘海时，先将薄片置于蛋形辅助器上，压出弧度。用压痕刀压出刘海发丝，对比刘海长度之后将多余的黏土剪去，再次修剪发尾的形状。

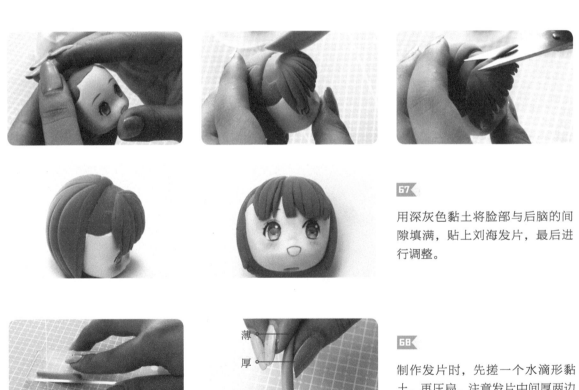

67

用深灰色黏土将脸部与后脑的间隙填满，贴上刘海发片，最后进行调整。

薄
厚
薄

68

制作发片时，先搓一个水滴形黏土，再压扁。注意发片中间厚两边薄。

69

将发片置于蛋形辅助器上，用压痕刀压出发丝痕迹。

70

取下发片，依据压痕剪出发片形状。

  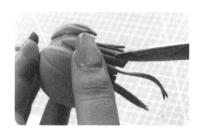

71 先在两鬓贴上鬓角发片，再往上贴发片，贴好发片后可以调整或修剪发片外形。

72 从头顶往耳侧贴发片，发根处制作出拱形。

 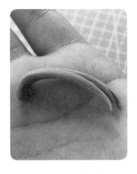  

73 用与步骤 72 相同的方法贴另一片发片，也制作出拱形，保持两侧发片弧度一致。

74 往后继续贴一片发片，贴好之后调整发片位置与弯曲弧度。

 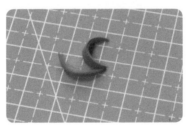 

75

将薄片剪成两片小薄片，薄片要
又细又尖。用手指将薄片弯曲一
下，贴到头顶。

4.5 制作装饰

◎ 4.5.1 制作手杖 ◎

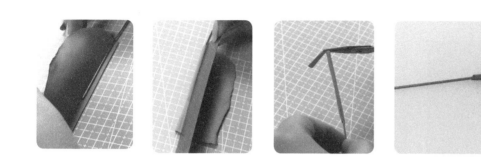

76 搓出粉色薄片，将铜丝包裹在其中，将多余黏土剪掉。

77 揉出白色黏土球，再用压板将其压扁，将薄片对半切开；用开眼刀压出翅膀羽翼痕迹，再依据压痕剪出翅膀外形。

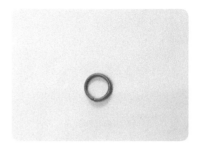

78 取金色黏土擀出薄片并切出长条，将长条围在切圆工具上，取下并制作成一个圆环。

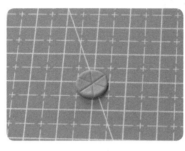

79 用切圆工具在蓝色薄片上切一个圆形，再按图中所示压出 3 条直线，依据直线切出六角星。

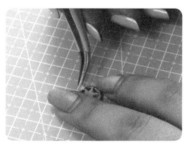

80 将六角星安在圆环上，在六角星上贴上星星形的金属花片，在中间贴上气泡珠。取金色薄片切出尖角，围在圆环四周。太阳轮就制作好了。

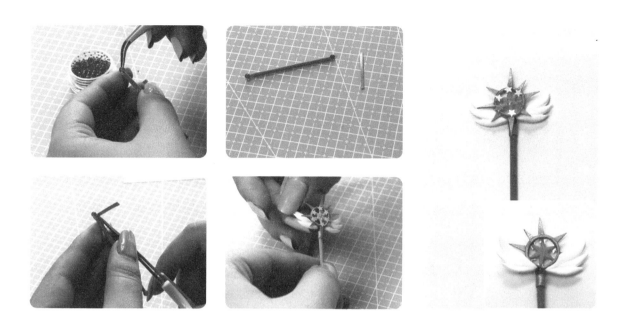

B1 将红色气泡珠贴在棍子两端，用金色薄片包裹住接缝口，贴好太阳轮和小翅膀，魔法权杖就做好了。

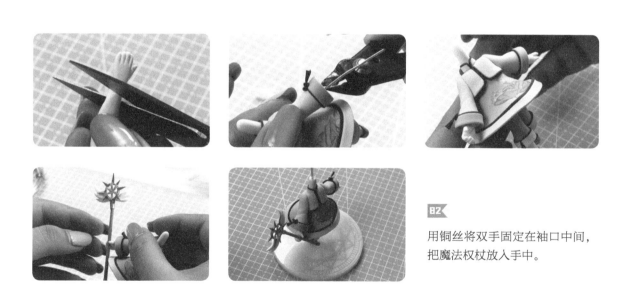

B2

用铜丝将双手固定在袖口中间，
把魔法权杖放入手中。

79

荷花装饰制作方法

01 取粉色黏土并搓成水滴形。

02 将水滴置于食指上，用棒针从中间压成薄片。

03 用手指将尖尖捏出来一些。

04 按照这种外形制作六片荷花瓣。

05 中间花瓣在下，将两片花瓣左右对齐贴到中间花瓣上。

06 继续往左右两边贴花瓣，注意左右对齐，再往中间贴一片。

07 先用红色颜料勾出花瓣纹理，再用毛笔蘸红色眼影给花瓣涂上颜色。

08 图中为上色完成的效果。

4.5.2 制作穗子

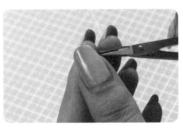

03

取赭红色黏土并搓成水滴形，用压板将圆头压平整，用压痕刀划出穗子的痕迹，最后剪出一条黏土线。

84 调整黏土线的位置，用 B-7000 胶水在穗子头部贴一块金片，穗子就做好了。

85

将做好的头部安装好，可以转动一下调整女孩头部的方向或者动作。在耳侧头发上贴好穗子，再往穗子上贴上荷花头饰。

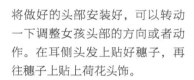

86

在衣襟上用 B-7000 胶水贴好荷花花饰。

 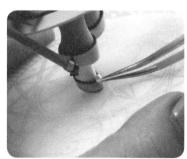 

87 在荷花花饰和头饰根部贴上半圆形珍珠，在鞋子上贴上半圆形珍珠，美少女手办就做好了。

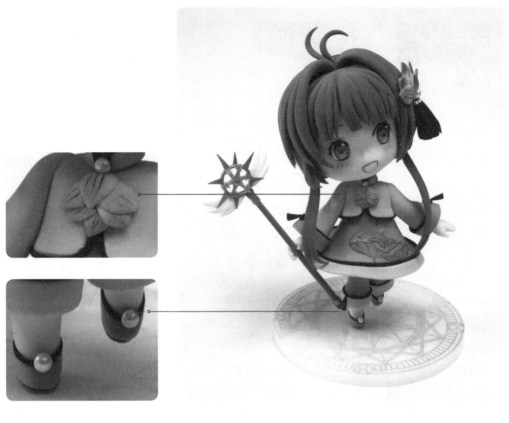

唯美古风黏土画

半立体古风
人物制作

第 5 章

本章重点讲解半立体古风人物制作。黏土画是一种半立体的作品，在制作人物之前需考虑一下画框内的摆设与构图。但黏土画中的人物制作比等身黏土人物稍微简单些。这次制作的黏土画是古风美女，古风人物妆容古典、发型飘逸、服装款式多样。

必备工具:

脸型模具、大剪刀、小剪刀、弧形剪刀、棒针、刀片、短刀片、褶皱工具、擀泥杖、爽身粉、镊子、刻刀、水性亮油、开眼刀、抹平水、酒精棉片、压板、压痕刀、502快干胶、UV胶和UV灯。

装饰材料:

鱼子酱珠、气泡珠、金属花片、相框、干花、树枝和窗棂。

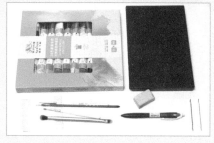

上色工具:

颜料、毛笔、眼影、刷子、铅笔、橡皮、尖头棉签和便笺。

所用黏土: 使用红色、黄色、蓝色、肉色和黑色黏土,白色、黑色和银色树脂黏土,另外准备白色水晶素材土;用红色和蓝色黏土混合成赭红色黏土。

5.1.1 制作脸型

01 取等身人物脸型模具，将肉色黏土捏出尖角，以尖角对准鼻子将黏土按入模具中。

02 拔出之后剪去多余黏土。

5.1.2 制作躯干

03 取肉色黏土先搓成长条，再将长条的一端黏土居中部分捏出尖尖，再搓成圆柱形当脖子。用掌心托住，正面朝上，用大拇指根部滚动来压出腰线，并调整跨的宽度。

04 用食指压住肩，用拇指贴着侧面往上使力，提拉调整肩线高度。捏住肩膀位置用另一只手从腹部向胸部推，捏出胸部形状。取棒针横向挤压在前胸，压出锁骨外形。

05 将躯干放在相框上比对长度，调整后躯干就做好了。

5.2 制作服饰

🌀 5.2.1 制作里衣 🌀

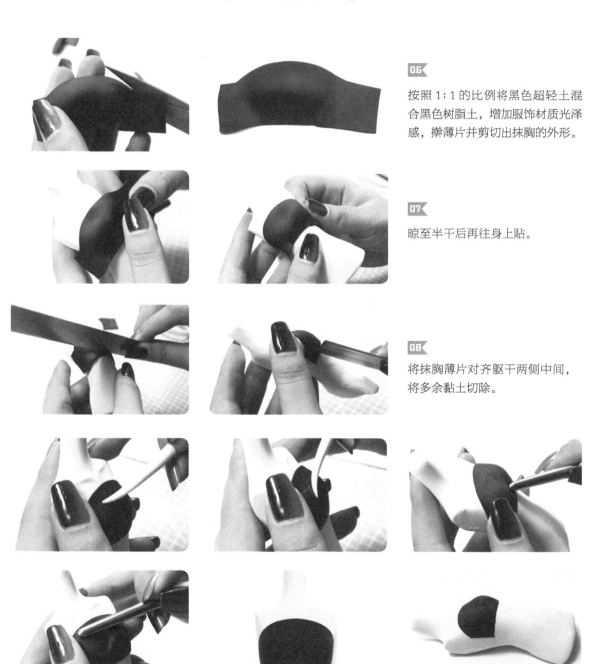

06
按照 1∶1 的比例将黑色超轻土混合黑色树脂土，增加服饰材质光泽感，擀薄片并剪切出抹胸的外形。

07
晾至半干后再往身上贴。

08
将抹胸薄片对齐躯干两侧中间，将多余黏土切除。

09 用黏土八件套的褶皱工具在胸口压出褶皱，取棒针调整抹胸褶皱。

01 把黑色黏土擀成薄片，将薄片边缘切整齐。一只手将黏土堆起褶皱，另一只手将另一头压实。

02 用擀泥杖将压实的那端擀平。

03 用刀片将制作好的褶皱片切整齐。

04 调整后衣褶就制作完成了。

用棒针的圆端压一下

用棒针的尖端调整裙子褶皱

10 将捏好的黑色褶皱片贴在腹部位置。

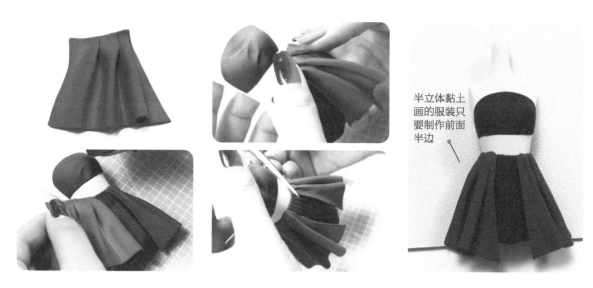

半立体黏土画的服装只要制作前面半边

⏸ 制作赭红色褶皱片，并将红色褶皱片与黑色褶皱片对齐贴于黑色褶皱片左右两侧。

⏸ 将银色的树脂土擀成薄片并切成细长条，对齐腰线，贴在红色褶皱片边缘，将多余黏土剪去。

 汉服的衣襟款式

汉服衣襟分为对襟和交襟两种，交襟是左衽，请注意制作时不要做成右衽。

对襟　　　　　　　　交襟　　　　　　　错误衣襟

起点

13 将刚才的银色薄片切成稍宽的长条，从抹胸下端开始绕肩膀转一圈，将多余黏土剪去。

14

将红色黏土擀成薄片，先切出一个长方形，再用刀片斜切一刀，切去一个角。

15 将薄片下端对齐腰线，缺角的　边平行于衣襟，绕上肩膀。将薄片贴合躯干，捏实肩膀，将多余黏土剪去

黏土画人物侧面

16 用与步骤 13 至步骤 14 相同的制作方法贴另一边上衣，取棒针压一下腋窝的褶皱。

要点 01 ▶ 彩色衣领的制作

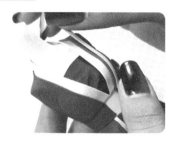

红黄黏土
薄片间距

01 将切好的黄色长条薄片从衣襟下方绕脖颈一圈回到另一侧衣襟下方，注意黄色黏土薄片要与红色上衣衣襟边缘有一段间距。

02 切蓝色黏土薄片用相同的方法紧挨黄色薄片边缘贴置。

要点 02 ▶ 彩色腰带的制作

薄片钝角位
置居中朝下

01 先切一块三角形黑色薄片，钝角朝下，贴于裙子上方，再用一块方形黑色薄片拼接腰带。

02 切一块蓝色长方形薄片围在腰带中间，再切黄色黏土薄片贴在蓝色薄片的上下两端。

17 ▶ 取红色黏土先捏出一个圆钝的三角形，再用擀泥杖将一头压一个凹痕。将凹槽四周的黏土擀开。

18 用手指将中间的黏土捏起来，慢慢捏出上窄下宽的黏土块。

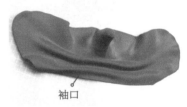

袖口

19 用手指将擀开的黏土薄片向中间黏土块推出褶皱，取刀片将外侧黏土片切整齐作袖口。

肘窝

袖子、衣褶从肘窝向下垂

20 在袖子内侧打上爽身粉，再将袖子对折，这样可以保证袖子不粘住。用工具挑住袖子，调整褶皱的分布以及下垂的方形。

肘窝处的衣褶细密

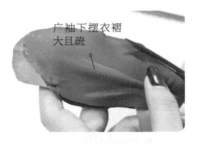

广袖下摆衣褶大且疏

21

用棒针压一下肘部的褶皱，使褶皱有大小、长短的变化。再将广袖边缘剪切整齐。

22

将做好的袖子对齐肩膀黏在躯干两侧。

⑥ 5.2.3 制作玉佩 ⑥

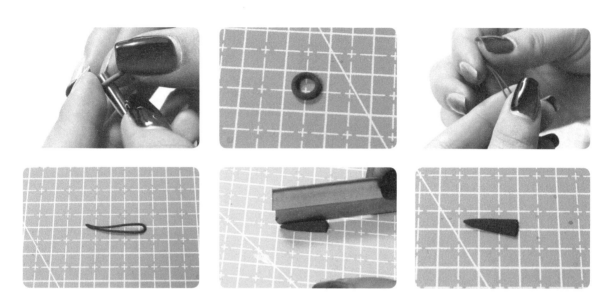

23 取绿色黏土搓成长条，将其围在切圆工具上做一个黏土圆环，当作玉佩。在赭红色黏土薄片上切一条细丝，对折以当流苏。在赭红色黏土片上切出一个三角形，用刀片在三角形黏土片上压直线痕当穗子。

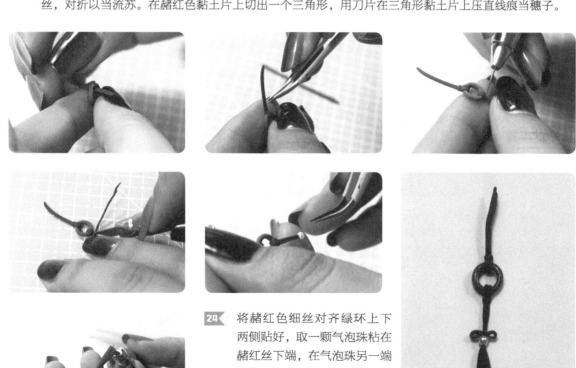

24 将赭红色细丝对齐绿环上下两侧贴好，取一颗气泡珠粘在赭红丝下端，在气泡珠另一端粘贴赭红色穗子，等黏土干燥后在绿环上刷一层水性亮油。

25 取肉色黏土搓成长条，再将一端压扁作为手掌的基础外形，将压扁的那端依据手指长短调整外形。在手掌外形上剪出手指。

26 依据手指关节弯曲手指，再用开眼刀抹平一下边缘，再用棒针压出指关节。用相同的方法制作剩下的三根手指，大拇指除外。

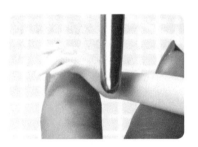  

27 用棒针滚动一下手背和手腕，使手背光滑。用相同的方法制作另一只手。

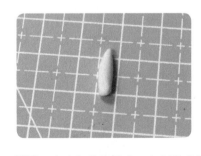  

28 取肉色黏土搓成一个水滴形来制作大拇指，将搓好的黏土贴到大拇指的位置，再修剪出大拇指的外形。

29 用棒针调整大拇指的形状，在接缝处刷上抹平水，用酒精棉片擦拭，再用棒针压一下，使接缝无痕迹。

30 在腰带上贴上金属花片，佩戴好玉佩，最好把做好的双手粘贴到袖口。

小贴士 等比人物的双手制作要点

要点 01

手掌基础形要修长，在除大拇指以外的四根手指中间两根长，两头两根短，整体轮廓是一个尖角形。

要点 02

大拇指与其他四指是分开制作的，制作手指时要压出手指骨关节。

要点 03

大拇指粘贴好后要用抹平水抹平接缝。

5.4 制作头部

5.4.1 绘制五官

31 ▶ 先用红褐色勾画眼线，在外眼角的睫毛上使用较重的颜色。

32 ▶ 再勾画眼睫毛以及双眼皮，用深灰色勾画眉毛，眉毛要用细线描画。

33 ▶ 继续用深灰色勾画眼球，用白色平涂眼白。

34 ▶ 用深灰色平涂眼球上半段，用浅灰色平涂眼球下半段。

35 ▶ 用浅灰色画出眼睛上的阴影，用黑色绘制瞳孔。

36 ▶ 用黑色勾画眼线以及眼睫毛，在眼角点一颗痣。

37 ▶ 用白色给眼球点上高光，使眼睛的质感更强。

38 ▶ 用尖头棉签蘸红色眼影绘制嘴巴。

39 ▶ 用毛笔和刷子蘸取红色眼影涂上腮红和眼影，在鼻子上边涂上一点眼影，会显得更甜美。

40 给嘴唇点上高光。

41 给眼睛刷上一层水性亮油。

42 在眼线和眉毛上刷一层水性亮油。

43

古风人物的妆容颜色要厚重一些。在画五官之前可以多看一些参考图再绘制。

⑤ 5.4.2 制作头发 ⑥

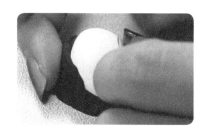

44 用黑色黏土将脸型与相框板的间隙填充满，注意填充后脑勺的黏土需要圆润平滑。

发片

发丝

45 取黑色黏土搓成长条再压扁，用压板在薄片上压出发丝痕迹，根据痕迹剪出发片。用相同的方法制作发丝，先擀成薄片，压出发丝痕迹，再用刀片在薄片上切出发丝。

从此贴发片

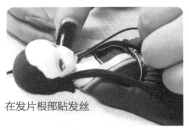

在发片根部贴发丝

调整发丝飘逸弧度

46 从耳鬓处开始贴发片，在发片根部片贴发丝，贴好之后将发片和发丝的飘逸方向调整出来。

中分处

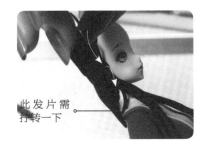

此发片需打转一下

47 按照中分的形式贴发片，贴到头顶中分处时将发片剪整齐。搭在肩膀后面的发片可以扭动一下，使女孩的头发更柔顺。

搭在肩上的发丝

飘逸的发丝

48 贴好发片之后在发片中间贴一些发丝，注意调整发丝的方向，尽量与旁边的发片保持一致。

刘海发片

49 制作刘海发片，先在黑色薄片上切出一块三角形黏土，再压出痕迹，依据痕迹剪出刘海发片的分组发丝。

肩后

50 将剪好的刘海发片以中分的形式贴好，在刘海与后脑勺发片之间贴上一片搭在肩膀上的发片。

51 调整好发片再贴上一些发丝，发丝需要松散些。

52 继续贴发丝，在刘海和肩膀上的发片间隙上添加，注意发丝搭在肩膀上的自然弧度。

发片2

发片2
盖在发
片1之
上

发片1

53 先在后脑勺处的相框板上贴一块发片，在这块发片根部覆盖一块发片来包住后脑勺，直到中分线处。

54 准备一块大的黏土片，从头顶中分处往下贴，置于肩后。剪去多余的黏土片，再用压痕刀压一些发丝痕迹。

发片起始端

55 补充后脑勺至刘海处的发片，到刘海处时注意捏出发片搭在肩膀上的弧度。

56 用薄片剪出刘海发片，贴于前额处。

第二片刘海挑
起一个弧度

57 在刚才的刘海发片上再贴一片刘海，用压痕刀将根部挑出一个外翻的弯曲弧度。

58 再贴上一根发丝，女孩的发型就制作好了。

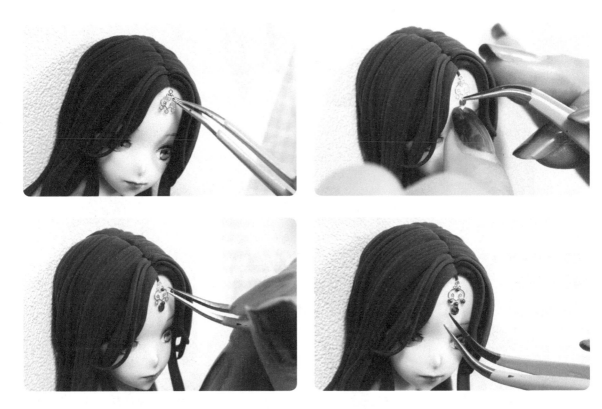

59 在女孩前额贴上发饰金属花片、气泡珠和鱼子酱珠，位置集中在前额中心。

60 用黏土制作一个红穗子，穗子边缘要有丝才会更好看。将穗子和发饰金属花片贴在侧面的头发上，女孩的头部就制作完成了。

5.5 制作场景配饰

5.5.1 窗前花树

61 准备小花窗、树枝和红色小花。先将人物固定好，再用 502 快干胶固定花窗和树枝。

62

将红色小花剪下来，注意小花底部需要留一点花茎。将花茎末端涂上 UV 胶并粘到树枝上，打开 UV 灯烤制一下。一束红花就粘好了。之后再扯下一些花瓣贴到女孩身上、发丝上以及相框板上。

⑥ 5.5.2 制作玉笛 ⑥

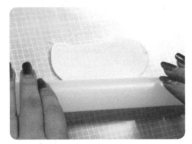

63◄

取白色树脂黏土，在黏土里混一点点绿色，将混色好的黏土擀成薄片。

64◄ 用薄片裹上一根细管，将多余黏土切去，最后将黏土搓平滑。

65◄ 用丸棒在玉色长棍上按照笛子的空洞压出圆痕，用压痕刀在下端压一圈痕迹绑上赭红色黏土丝。

 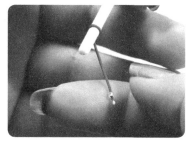 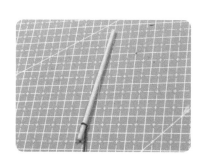

66 穿上气泡珠，在赭红色黏土丝末端点上 502 快干胶来固定气泡珠。

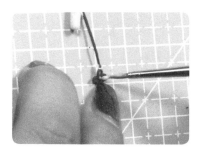 

67 再用赭红色黏土制作一个中国结，用 502 快干胶固定在气泡珠下面，最后在中国结上贴上气泡珠。

68 待树脂黏土干燥之后在玉笛表面刷上一层水性亮油，将黏土画框好，将笛子放到女孩手中，最后用 502 快干胶固定穗子。

萌系学院女生

5 头身萌
系女孩制作

第 6 章

萌系
女孩

本章重点讲解 5 头身萌系女孩制作。制作等身人物手办有两种选择，
一是 5 头身萌系人物，二是 7 头身美型人物。这里以日系中学生为案
例制作萌系人物，人物外貌可爱，服饰以日系校服款式为参考。服饰
难点是裙子与衬衫的褶皱的制作，关键要营造裙摆的飘动效果。

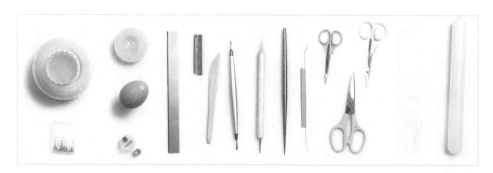

必备工具：脸型模具、大剪刀、小剪刀、弧形剪刀、棒针、开眼刀、褶皱工具、压板、双面圆形压模、刀片、短刀片、针孔压圆工具、压痕刀、切圆工具、擀泥仗、蛋形辅助器和丸棒。

材料：铜丝

上色工具：

颜料、毛笔、眼影、刷子、铅笔、尖头棉签、橡皮和便笺。

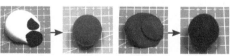

所用黏土：白色、蓝色、红色、肉色、黑色、黄色和棕色黏土；

用白色、黑色和棕色黏土混合成深灰色黏土；用蓝色和红色黏土混合成深蓝色黏土。

6.1.1 制作脸型

01 取适量肉色黏土捏成下尖上圆的锥形，尖角对准鼻子处，将黏土按入脸型模具中后，拔出并剪除多余黏土。

02 用开眼刀调整一下唇线，再用棒针的圆头端下压并上推，调整嘴角。

6.1.2 制作双腿

 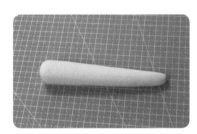 

03 取白色黏土搓成一端尖一端圆的长条，再将尖端那头弯曲90°，捏出脚的形状。注意脚掌底部平整，脚背有弧形弯曲。

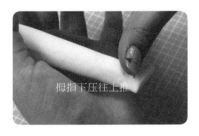  

拇指下压往上推　　拇指下压往上推　　拇指与食指转动

04 将腿翻至背面托与手掌上，用拇指在脚踝处轻轻下压并上推，调整脚踝处的粗细。再用拇指与食指轻轻转动黏土并上移，调整小腿外形。

05 将腿翻至背面，用拇指侧面在膝盖背面下压，调整出膝盖的弯曲弧度。用相同的方法，利用拇指与食指转动来调整大腿外形，再用棒针在膝盖两侧压出膝盖骨的外形。

06 5头身的腿长大概是 2.5 个头的长度，对比出长度之后从大腿内侧向外剪出一个斜面。

 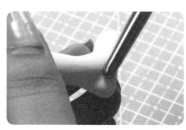

07

用棒针压出脚踝骨的外形。

08 用褶皱工具在脚踝处压出褶皱，压痕时多调整工具角度，使褶皱有粗细、深浅的渐变，制作出女孩穿着白色长筒袜的效果。

6.1.3 制作腰胯

09 先用铜丝从脚跟向上穿，固定两条腿之后用钳子将多余的铜丝剪短一些。

 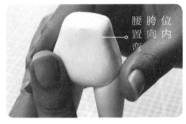 

腰胯位置向内弯

后腰向内弯曲

10 取白色黏土捏成下五边形，将其安在腿上，再用手指和工具调整为腰胯的形状。

11 用褶皱工具在臀部中间压痕，再用手指抹均匀。这个腰胯结构的长度大约为 0.5 个头长，后腰向内凹，小腹有一点点凸起。

6.1.4 制作躯干

12 取一块肉色黏土将其揉成圆锥形，在圆头端中心用手指捏出一个圆柱形，多调整一下大小及位置。

13 将躯干置于手掌中心将其压扁，在肩膀的位置处用拇指与食指捏出较方的尖角，再调整腰窝的弯曲弧度。

  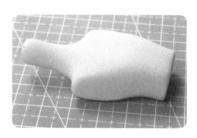

14 躯干的长度大概是一个头身，将多余的黏土剪去，再用棒针压出锁骨来。

5 头身比例数据参考　　头部为 1 个头长　　　躯干为 1 个头长　　　腰胯为 0.5 个头长　　　腿长 2.5 个头长

6.2 制作服饰

6.2.1 制作裙子

15 取深蓝色黏土擀成薄片，再用双面圆形压模工具切出一个圆形薄片，将其居中盖在双腿之上，调整裙摆褶皱的数量及位置。

裙摆飘
向一侧

16 裙摆向一侧飘扬，用褶皱工具调整裙摆飘扬的弧度。

17 再用褶皱工具在腰部压出细小的布料褶皱，将躯干安上，看一下裙子是否合适，再微调。

◎ 6.2.2 制作衬衫 ◎

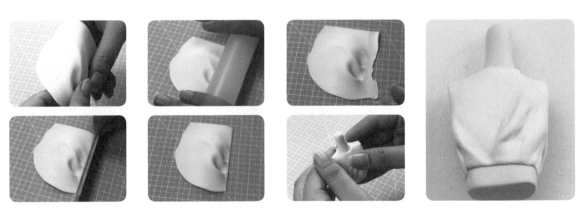

18 取白色黏土擀成一张薄片，将薄片下端折出一些褶皱，擀平末端再切整齐，制作出如上图所示的图形。
将薄片从腰部向脖颈处贴，用刀片切出领口弧度，薄片两侧位置切平整。

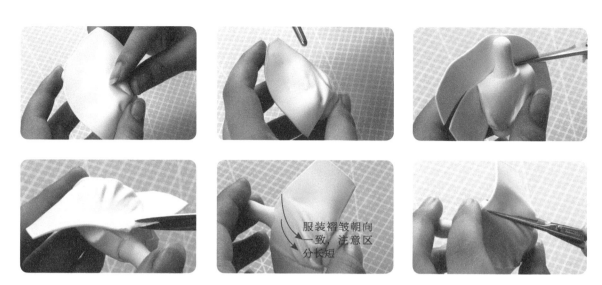

服装褶皱朝向
一致，注意区
分长短

19 将白色薄片盖在躯干前侧，用工具将衣褶朝一个方向挤压，在比对服装位置后将多余的黏土剪去。

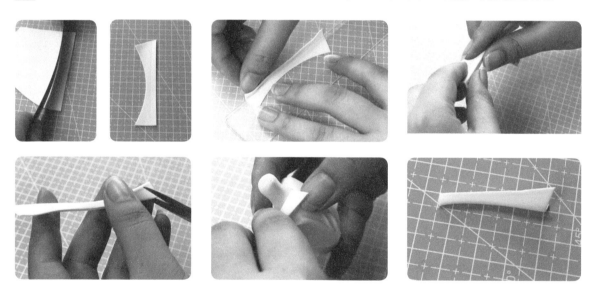

20 在白色薄片上切出一边为向内凹的，另一边为直线圆弧形的黏土片，并压出一条直线，比着折一下。将宽头那边剪出一个斜角，围着脖颈剪出一半的长度。

21 用与步骤 20 相同的方法制作另一半的衣领，将其贴在衬衫领口。准备一个长条贴在衬衫衣襟上，注意在褶皱处用手指或工具制作出衣服的起伏。

22 用针孔压圆工具压在衣襟上，压出纽扣。

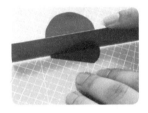

23 擀出一片深蓝色薄片，用刀片切出如上图所示的形状。

24 用棒针压出痕迹。

25 用手调整丝带的弯曲弧度。

26 用与步骤32至步骤34相同的方法，切两片上图所示图形，再用棒针压出痕迹。

27

将其对折，将两个尖角粘在一起。

28 用长方形薄片和两片三角形薄片组装成蝴蝶结，将多余的黏土剪去。

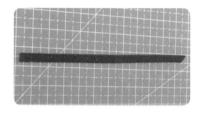

29 先将躯干安装好，再准备一条宽度正好盖住腰身的长条，将其围在腰身上，调整一下边缘，压一下腰身处的褶皱。

30 装备相同宽度的方形长条薄片，从身前腰带处绕过肩膀，向后围到身后腰带处，将多余的黏土剪掉。

31

身后加一长条黏土，用工具挑一下背带，使其与衬衫有点缝隙，再将蝴蝶结安到领口上。

📢 **小贴士** **裙摆方向**

从前侧看裙摆：
风由右侧吹来，裙摆从右侧向左侧飘；且右侧裙摆包裹臀胯，左侧裙摆飘荡。

从后侧看裙摆：
风由左侧吹来，右侧裙摆飘荡。

6.2.3 制作鞋子

32 先搓两个相同大小的长条，再用压板压扁，将两端剪平滑。

33 将薄片盖在脚背上，将脚尖处多余黏土剪除。

34 准备一个薄片长条，从脚侧面的中间位置围绕鞋面贴到另一侧中间，剪去多余黏土。

35 围绕脚跟贴一圈薄片，并将多余黏土剪去。

 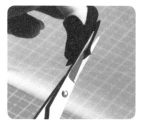  

36 准备两片宽度比脚宽，长度约为脚长的三分之二薄片。将薄片贴于脚底前端，并将多余的黏土剪去。

37 准备一个长宽大于脚后跟的方形薄片，要稍微厚一些，贴于脚后跟并剪去多余黏土。

 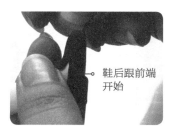  

鞋后跟前端开始

38 准备一根细长条黏土贴在鞋面与鞋跟的接缝处，注意从鞋后跟处开始和收尾，这能使鞋子的缝纫线整齐。

   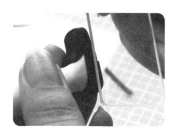

39 再准备与鞋后跟等宽的薄片贴于后跟上，用工具将刚才贴的薄片调整齐。

40

准备一个稍宽的薄片，贴于鞋舌上。用相同的方法制作另一只鞋子。

小贴士 学生鞋的制作要点

鞋环扣设计
鞋正面
鞋侧面
鞋底

要点 01 制作鞋子的时候分块制作,先做鞋正面,再做侧面、鞋底和鞋环扣。

要点 02

鞋侧面的接缝在中间,贴鞋侧面分两次来粘贴。鞋底分前脚板和后脚跟,同样分两次粘贴。

6.3 制作双手和手臂

6.3.1 制作手掌

41 取肉色黏土搓成圆形长条,将一端压扁,在扁平的黏土处剪出拇指,再压出其余四根手指。

42 剪出四根手指,再用棒针调一下手指关节,将手指长度调整好。

 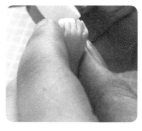 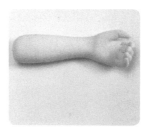 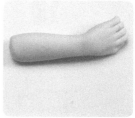

43 将手指轻轻按压将手指弯出一个弯曲，再调整一下。

   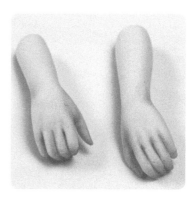

44 用毛笔蘸取一些红色的眼影涂抹在手指关节处。

6.3.2 制作手臂

45 取白色黏土搓成圆柱体，再调整一下圆头两端的形状，用棒针在袖口压出蓬蓬袖的衣褶。

46 用丸棒或者笔杆将袖口向里压，再用棒针的尖端调整袖口的褶皱。小臂上的衣褶从肘部向外包裹。

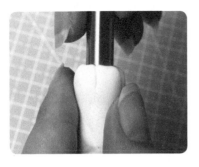 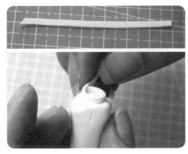 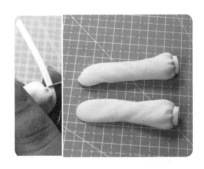

47 用切圆工具将袖口内的多余黏土切除，再准备白色长条薄片裹在袖口上。

 黏土书的制作方法

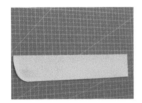

01 准备一块长方形薄片。

02 将其切割成相同大小的几片。

03 对比四角，将薄片叠在一起。

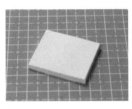

04 叠加几层，书心就制作完成。

05 用与书心一样宽的长方形黏土薄片作为书衣，对齐书衣与书心，根据书的厚度切一条痕迹。

06 沿着痕迹折叠书衣，将多余黏土切除。

07 黏土书的外观。

08 再在封面上画上卡通图案。

黏土书就制作完成了！

48 将手臂安至躯干上，在袖子上加一些褶皱，再放上书和手。

6.4.1 绘制五官

49 先用铅笔勾画五官线稿。

50 用小号毛笔蘸红褐色颜料勾画出线稿。

51 用白色颜料覆盖眼白。

52 用灰色颜料画上眼球上的投影轮廓。

53 用黄色平涂眼珠的底色。

54 用深红褐色平涂瞳孔和投影。

55 勾画眼球边缘线，并用白色和水调和成的颜色在黑色瞳孔下端画半圆。

56 用黑色颜料勾画眼线和睫毛，用白色颜料在眼球下端画半圆。

57 用尖头棉签蘸红色眼影给嘴巴涂上颜色，并画上腮红和泪痣。

58 用毛笔蘸取红色眼影涂上腮红。

59 用白色在眼球上画上高光。

60 脸部侧面的样子。

6.4.2 制作头发

61 取深灰色黏土揉成球体，再在用丸棒在球体中间压一个空心，制作成一个空心半圆，将脸型包在半圆中。

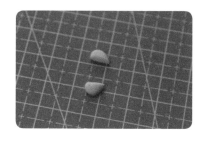 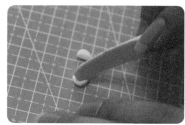 

62 揉一个肉色的水滴形黏土，再压扁，对半切开，中间区域下压。耳朵就制作完成了。

63 将耳朵安到眼睛的左右两侧，用点丸棒压一下内侧。

64 制作后脑勺根部的发片，先将深灰色黏土擀成两端薄中间厚的薄片，再剪出发丝的弯曲形状。

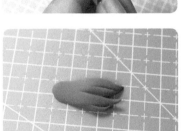

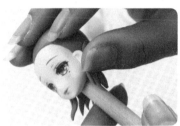

65 从耳朵后面开始贴发片。

66 围绕后脑勺根部贴一圈发片。

发丝方向

67 注意发片的粗细以及飘起方向，注意头发要与裙摆飘扬的方向一致。

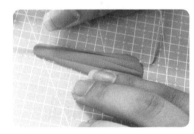

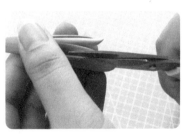

68 第二层发片要比第一层发片长很多，测量出头顶到第一层发丝末端的长度。将深灰色黏土擀成中间厚四周薄的薄片，再根据发丝的分组压痕，根据压痕剪出发丝。

69 从头顶开始贴第二层发片。准备飘起的发丝的发片，挨着已贴发片继续粘贴，注意随时调整发丝飘起的方向。

70 再准备一片三角形薄片贴在马尾处，用压痕刀向中间位置压出发丝方向，注意发丝向一个点聚拢。

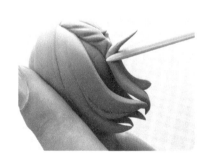

71

先将马尾下方的发片贴上后再根据缺口调整衔接发片的外形，调整发丝飘起的弧度以及方向。

72 鬓角的发片要薄且小，根据发迹线贴。

73 继续贴发片，发片开端都在头顶。

74 收尾向后飘的发片时，注意调整发片的方向以及整体轮廓的形状。

75 耳鬓两侧的发片要薄且细小一些，从耳朵后方开始贴。

76 继续往上贴小发片。

77 制作刘海，将深灰色黏土放在蛋形辅助器上，做出弧度后再压痕迹，按照痕迹剪切出发丝。

78

一片片地粘贴刘海。

79

先用稍大一些的发片贴在缝隙处。

80

再用小发片贴在间隙，用大发片从发旋往耳鬓侧面贴，使头发显得蓬松饱满。

小贴士

注意调整发旋左右两侧的发片，使头顶显得弧度圆润。

81 贴好刘海之后在刘海与后脑勺发片的间隙上贴上发片，使头顶发旋处更加饱满。

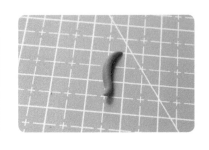

B2

在刘海上贴上一些细长的发丝给刘海添加层次，再剪一些弯弯的碎发，黏在发旋处。

B3

准备两端窄中间宽的薄片，两端对齐捏紧，再加一组小发片和细长发丝，将发髻安到马尾处。

6.4.3 制作发饰

B4 擀蓝色薄片并切出两个三角和一片细长条，压出凹凸痕迹，先将两个三角安到马尾下面，再将长条黏土围马尾绕一圈。

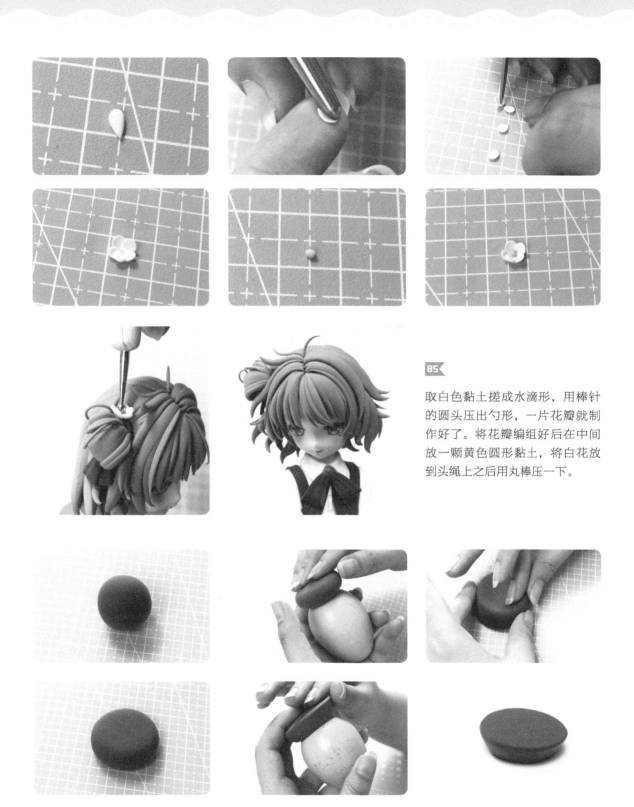

85 取白色黏土搓成水滴形，用棒针的圆头压出勺形，一片花瓣就制作好了。将花瓣编组好后在中间放一颗黄色圆形黏土，将白花放到头绳上之后用丸棒压一下。

86 取深蓝色黏土揉成球再压扁。

87 将深蓝色扁圆黏土放在蛋形辅助器上稍微下压，再将圆边捏起。

88 将内侧边缘捏整齐。

89

将帽子戴在头上，萌萌的学生
少女就制作好了。

跪姿等身白裙少女

跪姿和服饰
花边的制作

第7章

白裙少女

本章重点讲解跪姿和服饰花边的制作。白裙女孩整体比较素雅，用色
简单。这个女孩的制作难点在于跪坐的姿势，双腿的制作是跪姿的重点。
女孩的装扮很小清新，选用浅色连衣裙，裙子的蕾丝花边是服装的亮点。

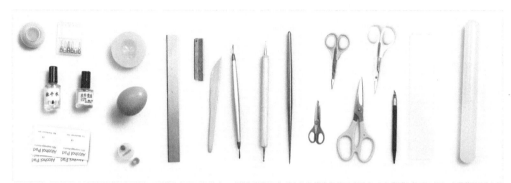

必备工具：脸型模具、大剪刀、小剪刀、弧形剪刀、波纹剪刀、压痕刀、刀片、开眼刀、棒针、丸棒、压板、擀泥杖、切圆工具、针孔压圆工具、短刀片、蛋形辅助器、水性亮油、双面圆形压模、刻刀、抹平水和酒精棉片。

装饰材料：
编织纹压模、铁丝、草皮和干花。

上色工具：
颜料、毛笔、眼影、刷子、铅笔、橡皮和便笺。

所用黏土：
肉色、白色、黄色、棕色、红色和蓝色黏土；用白色、蓝色和红色黏土混合成浅蓝色黏土；用白色和黄色混合成米黄色黏土。

7.1.1 制作脸型

01 取适量肉色黏土捏成下尖上圆的锥形，尖角对准鼻子处将黏土按入脸型模具中。

02 拔出并剪除多余黏土。

7.1.2 制作双腿

03 取肉色黏土搓成一端粗，一端细的长条。在细的一端确定脚踝的位置，用手指轻轻下压之后往上搓，做出腿的基础形状。

04 制作脚掌，先用拇指抹平脚底，再用双指捏出脚掌宽度，然后用拇指指腹调整脚背和脚踝的形状。

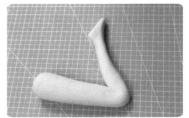

05 先用手指下压膝盖后侧，再折压。将膝盖弯曲后慢慢调整大腿和小腿的形状。

06 制作跪坐的姿势要注意脚底朝上，脚背曲线流畅，慢慢调整脚的外形，再用压痕刀在大腿根部压一下来调整大腿形状。

 跪姿的双腿制作要点

 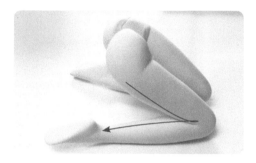

要点 01 小腿与脚背绷成一条直线，脚踝向后弯。　**要点 02** 跪姿的大腿与小腿形成一个角度，臀部向后翘。

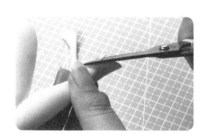 用指腹轻轻向四周推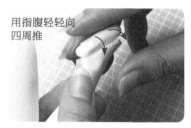

07 将脚部剪去一些，取白色黏土搓成一个圆柱体，贴于脚底。再用指腹向四周推，使白色黏土包裹住脚，注意边缘线的流畅弧度。

08 用双指捏出鞋尖和脚后跟的尖角，调整高跟鞋底的形状。

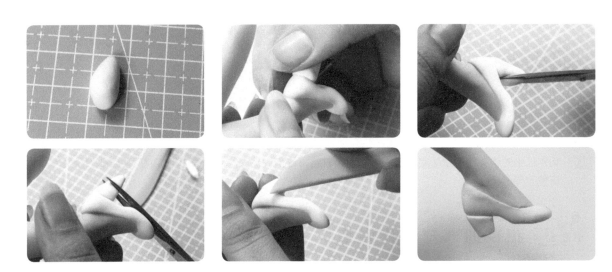

09 取白色黏土揉成水滴形，安在鞋跟处。将多余的黏土剪去，调整一下鞋跟与鞋面的衔接线。

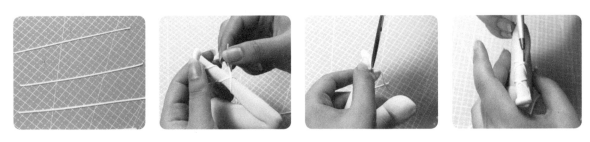

10 准备白色细长薄片黏土，将白色细长薄片从鞋面一端开始往小腿交叉缠绕，再用开眼刀将其挑一下，让它与皮肤有一些空隙。

11 用白色细长条薄片编一个蝴蝶结。

12 将蝴蝶结固定到腿后的绑带上，美美的高跟鞋就做好了。

⑤ 7.1.3 制作躯干 ⑥

  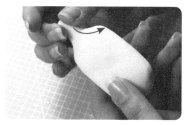

13 取肉色黏土搓成一个圆柱形,在圆柱上方中间位置捏出脖子,再用手指揉平整,用指腹将脖颈推抹平滑。

14 将躯干置于手掌中心,轻轻挤压调整躯干的厚度,再用手指调整背部、胸腔和腰部的曲线。

15

用手指指腹捏出胸部,在胸部两侧用手指将躯干外形调整平滑。

16 用棒针调整胸部大小,再用手指捏出胸部的形状。

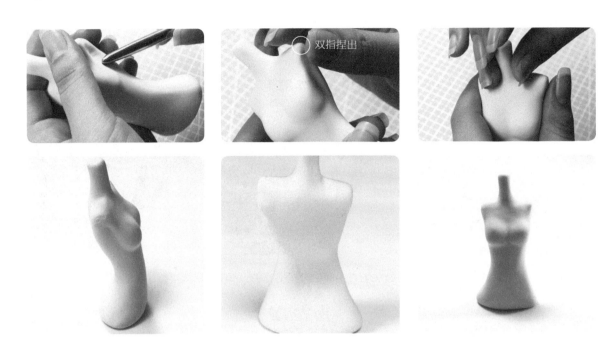

双指捏出

17 用棒针圆头一端压出腋窝，再用手指调整平滑，肩膀用双指捏出关节的棱角。

7.2 制作头部

7.2.1 绘制五官

18 先用铅笔勾画出五官线稿。

19 再用毛笔蘸红褐色颜料勾画线稿。

20 蘸白色颜料平涂眼白。

21 用灰色颜料将眼球上的投影画出。

22 调出浅蓝色平涂眼球底色。

23 用蓝色勾画眼球上的投影边缘。

24 用深蓝色平涂眼球上的投影。

25 用黑色勾画眼球轮廓、瞳孔、眼线和睫毛。

26 用浅蓝色在眼球上画出眼睛的亮面，用红色勾画嘴巴。

27 用深红色绘制嘴巴内侧。

28 用白色绘制眼睛的高光和牙齿。

29 用深红色勾一下唇线。

30 用毛笔刷蘸取红色眼影，在脸部涂上腮红，眼皮和下巴等区域也可以扫一下。

31 眼睛上的颜色干燥后刷上一层水性亮油，使眼睛水润有光泽。

32 用肉色黏土剪出一个扁平的半球体，取棒针圆头一侧将半球体中间下压。

33 用中号丸棒在耳朵内压出两个圆形痕迹，再用小号丸棒将圆形痕迹接缝处上挑。

🌀 7.2.2 制作头发 🌀

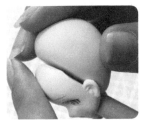

34 取浅蓝色黏土揉成半球体，贴于脸型后方。再用拇指指腹将黏土边缘向前推，使浅蓝色黏土包裹住脸型边缘。后脑勺就粘贴好了。

35 先用压板将浅蓝色黏土搓成水滴形，再压扁。用压痕刀画出分组的发丝。

36 根据压痕剪出刘海发片。

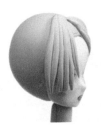

37 将制作好的刘海发片从耳后贴于发旋处。再制作一片下端整齐的刘海发片，贴于另一侧。注意发片有一个弯曲弧度，不要贴到脸部皮肤。

38 继续制作发片，将刘海贴好。用一块长发片压住耳后的发片。贴好刘海之后再调整一下刘海发根。

发片的弯
曲弧度

39 先用浅蓝色黏土压出一片薄片，再将其置于蛋形辅助器上。用压痕刀和棒针压出分组发丝的痕迹，根据
压痕剪出发片。后脑勺的发片就制作好了。

40 从后脑勺中间位置开始贴发片，再向两侧贴。注意发片的发尾要整齐，长短一致。

41 先在鬓角处贴一块小发片，再将刘海与后脑勺的间隙贴上发片。

42 用压痕刀调整发片的位置。

143

43 用与步骤 37 至步骤 40 相同的方法将另一侧的发片也贴好。

44 剪一些发丝，从发旋处开始粘贴。这些飘起来的发丝是让发型富于变化，不过于单调沉闷。

7.3 制作服饰

7.3.1 制作跪姿

45 将膝盖并拢，制作出跪坐姿势。取一块黏土置于双腿之间将跪坐姿势固定，将躯干与双腿拼接好，再调整一下，粘贴缝隙。

46 取肉色黏土揉成球体并贴于臀部，将其捏得圆润平滑，再用棒针来调整臀型。

⊙ 7.3.2 制作连衣裙 ⊙

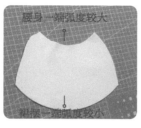

47 取白色黏土擀成薄片，将刀片弯曲剪切薄片两端。用手捏住腰身一端，另一只手编织褶皱，再将多余的黏土切掉。

48 将腰身一端擀平，再剪切掉多余的黏土。将这片裙子薄片贴于腰身上，粘贴位置在胸部下，边缘要齐。

49 裙摆褶皱朝向一侧，用手指捏住褶皱来调整方向。

50 用与步骤45至步骤47同样的方法制作薄片，围绕腰身粘贴。这里总共用了3片薄片，粘贴的同时调整裙子褶皱。

S1 ▷ 根据腰身到胸部的距离剪切一块白色长方形薄片。将薄片贴于上半身，将身侧多余黏土剪掉。

S2 ▷ 先用棒针的圆端在腰身接缝处向内每间隔一段向下压，再用尖端将凸起褶皱下压到接缝处。

S3 ▷ 根据前面长方形薄片的宽度再切一块长方形薄片，压出褶皱，贴于后背。

S4 ▷ 准备一片白色长条薄片，用刀片在两边压一条直线，将长条薄片垂直贴于胸前。

 花边制作方法

花边一 ────────────────────────────

01 ▷ 先将黏土擀成薄片，用刀片将边缘切整齐。

02 ▷ 取小号丸棒在边缘压出圆形痕迹，压痕时由内侧向外侧推。

03 ▷ 将另一边切整齐之后擀一下，再剪去多余黏土。

花边二 ────────────────────────────

01 ▷ 取长条薄片用浪纹剪刀剪成长条。

02 ▷ 取丸棒在波纹中间压出圆形痕迹。

03 ▷ 将另一侧多余黏土剪整齐。

小贴士 **花边制作方法**

花边三

01 将薄片切成圆弧形长条。

02 双指捏住薄片下端，另一只手折出波浪褶皱。

03 将多余的黏土剪切掉。

花边四

01 将薄片切成长方形。

02 用食指将黏土向前推，再将下方褶皱捏紧。

 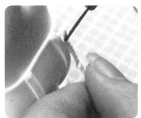  

55 制作出花边一贴在胸前长条的外侧。用开眼刀将花边先弯曲一个小波浪状，再将拱起部从中间往下压，直到腰线结束，将多余花边剪掉。

56 制作出花边二，贴在长条内侧，用与步骤53相同的方法贴至腰线，将多余花边剪掉。

  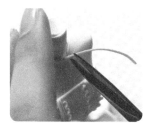 

57 切一条浅蓝色长条薄片，围在脖子上。在长条接缝处贴一个花朵装饰。

7.4.1 制作手掌

  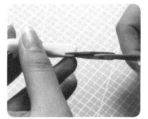 

58 取肉色黏土搓成圆柱体，将一端压扁。剪出手的形状，在手的形状的前半段剪出手指。

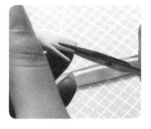   

59 在手的形状内剪出四根手指，在用棒针尖端压一下指缝，用棒针圆端压掌心。

60 将手腕关节调整好，再将手指弯曲，制作出手指的动作。

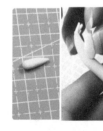   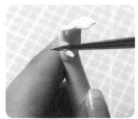

61 取肉色黏土搓成一个水滴形，作为大拇指，并贴于手掌大拇指处。将大拇指的外形修剪出来，再用棒针调整平滑。

62

用抹平水涂抹在拇指接缝处，再用酒精棉片擦拭，使拇指接缝处平滑无痕迹。

7.4.2 制作手臂

63 取肉色黏土搓成圆柱体，在中间位置用拇指挤压出肘关节。再慢慢调整手臂形状，制作出手臂弯曲的动作状态。

64 用棒针圆头一端在肩关节处下压，再往外侧推，制作出肩胛骨的形状。在肩关节内侧按压出腋窝，将手臂拼接到躯干上之后再调整一下外形。

65 在手臂接缝处涂上抹平水，将痕迹抹平滑，再用棒针调整肩膀和腋窝的形状，最后用酒精棉片擦拭接缝处。

 手臂制作的要点

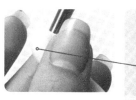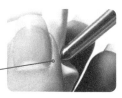

要点 01

用棒针由肩膀内侧向外侧压出肩膀骨骼的圆润。

要点 02

腋窝要用棒针向内压出流畅的凹形。

7.5.1 吊带与袖子

66 准备两片浅蓝色薄片从胸前向颈项后方贴，将多余的黏土剪去，调整并对齐薄片的边缘。

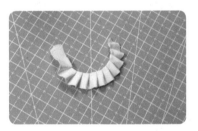

67 制作花边三，将花边三围绕手臂一圈，并与胸口裙子边缘持平，将多余黏土剪去。

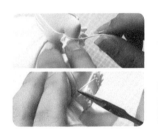

68 用浅蓝色黏土搓成细长条，将细长条围在手臂上的花边上方，可用开眼刀压一下，使其粘贴好。

69 用圆形剪切工具切出脖子的凹槽，用铁丝固定头部与脖子，转动头部来调整手办头部姿势。

⟋ 7.5.2 纽扣与花边 ⟍

70 制作蝴蝶结并将蝴蝶结粘贴在吊带开端。制作花边四，将其围绕在腰线上。

71 切一块浅蓝色圆形薄片，用针孔压圆工具在中间压痕，在压痕边缘上压出小圆点，作为纽扣。

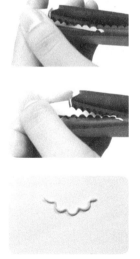

72 用波纹剪刀剪出一片波浪纹薄片置于领口，女孩的白色连衣裙就制作完成。

73 在手臂和手指区域刷上一层红色眼影。　**74** 将手腕上多余的黏土剪去，再压平整。

75 拼接手掌之后在接缝处绑一条白色蝴蝶结。

 关节拼接的方法

去痕方法一

在关节拼接处刷上抹平水，再用酒精棉片擦拭。

去痕方法二

拼接之后在接口粘贴饰品，作装饰遮挡。

7.5.4 制作帽子

76 取米黄色黏土揉成球形体，将球形体按在蛋形辅助器上，在球形体上按出一个圆形凹口。

77 取米黄色黏土擀成薄片，用双面圆形压模截切圆形薄片，再用压板将边缘压扁。

78 将半圆和薄片组合成帽子，调整帽檐弯曲弧度。

  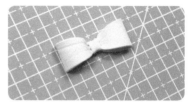

79 用浅蓝色薄片制作一个蝴蝶结。

80 用一块浅蓝色的长条薄片将帽子接缝处围一圈，再安上蝴蝶结。帽子就制作完成了。

⚝ 7.5.5 制作花篮 ⚝

81 擀一张薄片并将薄片覆盖到草编压痕模板上，轻轻按压，再切出长方形待用。

02 擀一块厚一些的黏土片，切成椭圆形。搓两条圆形细长条，将它们缠绕在一起并粘在篮子边缘。

03 制作两条长条编织麻绳作为花篮提手，用两块薄片固定，将人物和花篮放在草坪布上，漂亮的裙装女孩
就做好了。

礼服少女

卷发与裙装礼服的制作

第8章

礼服
女孩

本章重点讲解卷发与裙装礼服的制作方法。这个穿着礼服的优雅少女
等身手办的制作难点在于礼服的制作，上装贴身，贴身的服装褶皱和
礼服的纹样都是亮点。下装是蓬蓬裙，裙子蓬松感十足。

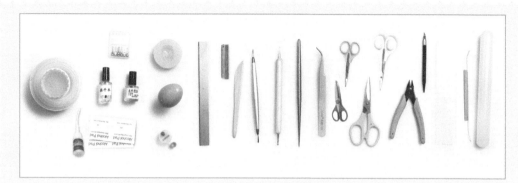

必备工具： 脸型模具、大剪刀、小剪刀、弧形剪刀、波纹剪刀、丸棒、压痕刀、棒针、开眼刀、压板、刀片、短刀片、切圆工具、针孔压圆工具、褶皱工具、双面圆形压模、钳子、镊子、水性亮油、刻刀、502快干胶、抹平水和酒精棉片。

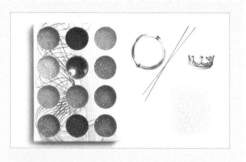

装饰材料：

铁丝、铜丝、水晶钻、气泡珠和王冠。

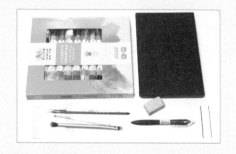

上色工具：

颜料、毛笔、眼影、刷子、铅笔、尖头棉棒、橡皮和便笺。

所用黏土： 肉色、红色、蓝色、白色、棕色和黑色黏土；
用棕色、白色和黑色黏土混合成深棕色黏土；
用白色、红色和蓝色黏土混合成粉色黏土。

8.1 制作主要部件

8.1.1 制作脸型

   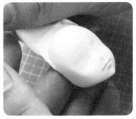

01 取适量肉色黏土捏成下尖上圆的锥形，尖角对准鼻子处，将黏土按入脸型模具中，拔出黏土。

 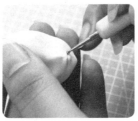  

02 将多余的黏土剪去，嘴角需用丸棒轻轻向上推，使其上翘，再用压痕刀调整唇缝。

8.1.2 制作双腿

03 等身人物的腿长为 4.5 个头，取肉色黏土搓成水滴形长条。用食指在膝盖内侧下压，从膝盖内侧往脚踝慢慢搓出小腿的外形。

04 再从膝盖内侧往上搓出大腿的形状，微调一下腿型，将小腿多余长度剪去。

 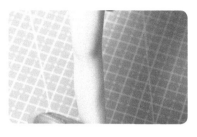 

05 用棒针在膝盖两侧斜角向内压痕，压出膝盖骨的形状。用与步骤03至步骤05相同的方法制作另一条腿，注意双腿的长度和粗细要一致。

06 用压痕刀在臀部及大腿内侧压痕，再用手指调整外形，将多余的黏土剪去。

07 取白色黏土先搓成长条，再将长条一端捏出折角，慢慢用手指调整脚掌外形。将脚背置于手掌边缘，慢慢调整脚踝大小。

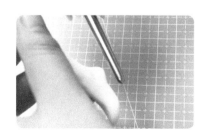  

08 用棒针压出脚踝骨的外形，将多余的黏土剪去，女孩的脚就做出来了！

09

对比长度，将双腿多余的黏土切去，将制作好的脚与腿粘贴好。

   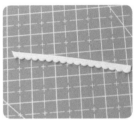

10 擀出白色黏土薄片，用波纹剪刀剪出波浪纹，再用刀片将另一边多余的黏土切去。

 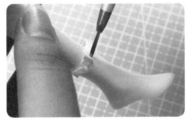 

11 将波纹花边围在白色小脚上，粘贴时需要间隔粘贴，每隔一段有一个波纹凸起。

12 用棒针将凸起的波纹下压至小脚缝隙处，再用开眼刀抹平整，少女感十足的蓬蓬袜就做好了。

13 擀出粉色黏土薄片，用刻刀划出一个长弧形。

14 将粉色薄片居中覆盖在脚背之上，在后脚跟中间收口，将多余黏土片剪去，女孩的粉红色鞋面就做好了。

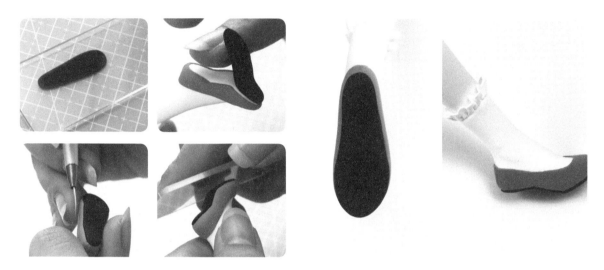

15 取黑色黏土搓成长条，再压扁。将黑色薄片贴在脚底作鞋底，再用压板将接缝处抹平。

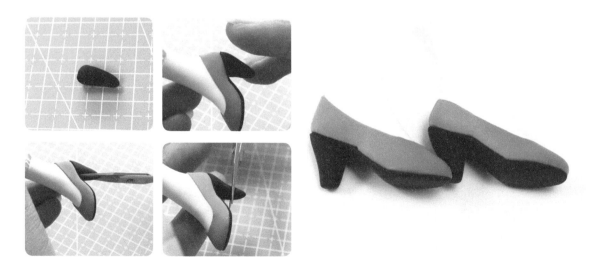

16 取黑色黏土搓成水滴形，粘在后脚跟处。将多余黏土剪去，女孩的高跟鞋就做出来了。

17 切出粉色长条薄片，将一端剪整齐后从脚跟居中处向前绕一圈，将多余黏土片剪去。再切粉色细条连接粉色鞋子和粉圈，将多余黏土剪去。

 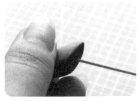  

18 用开眼刀调一下粉色长条与袜子的空隙，再用铜丝从脚底向上穿以固定双腿。取水性亮油涂抹在鞋面上，高跟鞋就制作完成了。

✿ 8.1.3 制作躯干 ✿

19 取肉色黏土搓成一个水滴形，再从较圆一端的中间捏出一个圆柱。再将黏土置于掌心，用拇指指肚在腰线处压出一个凹形，最后将黏土表面抹平滑。

20 在躯干两侧上方剪出手臂，用棒针调整手臂与腋窝的外形，最后将手臂剪齐整。

21 用拇指由腹部向胸部推挤黏土来制作女孩的胸部外形，再慢慢调整脖颈与胸部的形状。

小贴士 **颈肩制作要点**

要点 01 制作锁骨

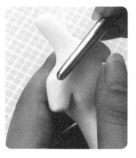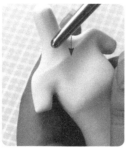

用棒针在颈部前后调整颈肩，横着使用棒针在肩膀左右两侧压出锁骨。

要点 02 压出胸锁乳突肌

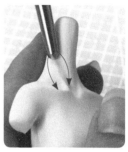

竖着用棒针在脖子中间压出颈部的肌肉，继续在肌肉两侧挤压，使脖子上的肌肉明显一些。

22 用压痕刀在胸腔中间压出痕迹，再用手和棒针调整胸部外形。

8.1.4 衔接躯干

23 用铁丝固定双腿，再取白色黏土填充在双腿之间，用压痕刀压平整。再连接躯干，用白色黏土固定。

24 取肉色黏土搓成半圆贴在臀部，用手指捏出臀部的圆弧形状，再用工具调整臀部的外形。注意左右臀部大小与外形一致。

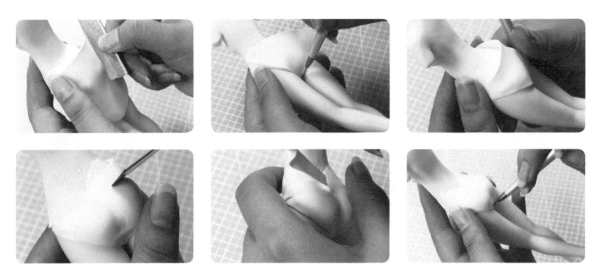

25 ▷ 取白色黏土薄片贴于臀部，再用短刀片切出三角裤的形状，用开眼刀使白色黏土与臀部更贴合。

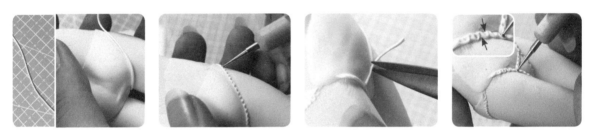

26 ▷ 搓出一条白色长线，黏在三角裤边缘，再用丸棒压出花纹。压花纹的方式是内外方向间隔压制，制作出波浪花纹。

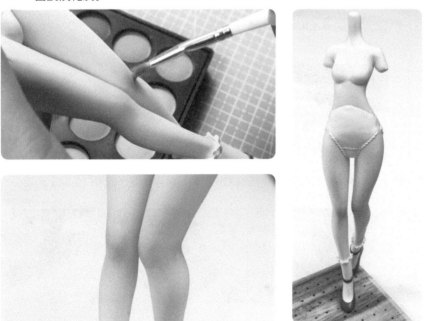

27 ▷

在膝盖上刷上红色眼影。

8.2 制作服装

8.2.1 制作上装

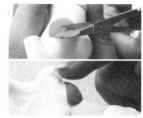

28 擀出粉色薄片，用切圆工具切一个圆形薄片贴于胸部，斜向剪去半圆。用相同的方法制作另外一边。

29 用切圆工具在粉色薄片上切出两个圆弧形，将中间突起的部分剪出一个豁口。把粉色薄片居中对齐抹胸，贴在肚皮上，再用压痕刀调整。

30 先用压痕刀压出上衣轮廓，再用刀片沿着压痕切去多余黏土。

31 用棒针将边缘压服贴，在腰两侧的上衣黏土片上压一条缝纫线。在缝纫线两侧压制出衣服褶皱。

 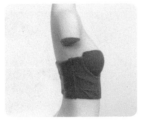 

32

用相同的方法在后面的躯干上贴上衣薄片，再压出褶皱。

⊚ 8.2.2　制作腰带 ⊚

33 用黑色黏土加些树脂黏土混合，搓出一根长条并擀出一块方形薄片。在薄片居中位置切一个三角形。将其居中贴于腰部，用开眼刀在中间开一条缝，再将腰两侧的多余黏土切掉。

34 用与步骤 32 相同的方法贴好后背的腰带，再用棒针和褶皱工具压制腰带上的褶皱。前面褶皱从中间开缝向两侧散开，后背褶皱横向向下弯曲。

 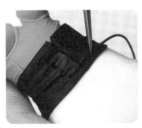  

35 用针孔压圆工具在腰带开缝线两侧对齐压制圆孔，再用穿鞋带的走线在腰带上编织交叉线。

✿ 8.2.3 制作裙子 ✿

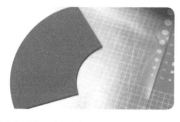  

36 擀一块粉色薄片，切成扇形，将扇形薄片内侧折叠成波浪纹褶皱，再将拱起的波纹压平。

37 用双面圆形压模将边缘切割整齐，再用棒针调整褶皱。

38 将裙片倒立贴于腰线上，对齐腰带，用棒针压一下。将裙片翻正，用棒针调整接缝处的褶皱。

 礼服制作要点

要点 01 贴身上装

贴身服装的褶皱较紧，用棒针调整褶皱，前胸褶皱向缝纫线聚拢。后背褶皱是一个弧形，采用八件套的褶皱工具。

要点 02 蓬裙下装

制作蓬蓬裙的褶皱时需要将褶皱制作得大一些，粘贴的时候先反着贴上后再把它翻转过来，这就使蓬蓬裙比较挺。

167

8.3 制作双手和手臂

8.3.1 制作手臂

39 取肉色黏土搓出长条，在肘部压一下，再调整手臂的大小与外形。

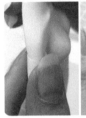  

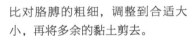

40 比对胳膊的粗细，调整到合适大小，再将多余的黏土剪去。

41 用与步骤 39 相同的方法制作另一手臂外形，再将其弯曲，制作出手臂弯曲的姿势。

8.3.2 制作手掌

42 取肉色黏土搓成长条，用指头将一端压扁。将压扁的一端剪出手的轮廓，再剪出指头。在指头间用棒针压出指骨来。

43 捏出指关节，再将手指调整出一个自然的动作。

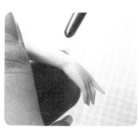

44 用棒针压出掌心和手腕的细节，再用开眼刀压出掌纹。

45 将肉色黏土搓成一个水滴形，按到大拇指处，修饰出大拇指的外形。将抹平水涂在缝隙处，将接缝抹平整，用酒精棉片擦拭，最后用棒针调整手指外观。

46 将多余黏土剪去，把手掌和手臂连接上。

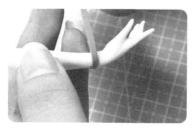

47 切一条粉色长方形薄片围在手腕接缝处，将多余的黏土薄片剪去，制作出一个粉色手环。

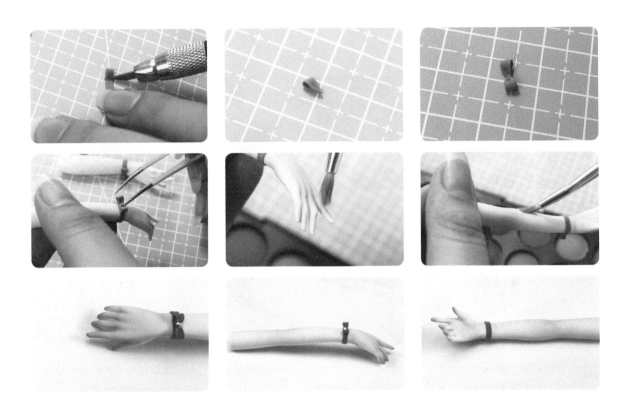

48 制作一个粉色蝴蝶结并将蝴蝶结安在粉色手环上，在蝴蝶结中间贴一颗气泡珠。用毛笔蘸取红色眼影刷在肘部和手指上，来衬托出人物肤色的红润白皙。

8.4 制作装饰

8.4.1 裙子花边

49 将刀片弯曲一个圆形弧度，在粉色薄片上切出一条弧形长条。

50 用长条从抹胸内侧向外侧折波浪褶皱。

下压

51 再用开眼刀在波浪褶皱上端向下压。

52 取粉色黏土搓成长条，再稍微压一下。用铁丝固定手臂，将粉色长条围在手臂上。

53 用棒针尖端在粉色长条下端斜着压一圈纹理，再用圆端在上方压一圈，袖子的基础形就做好了。

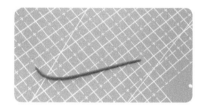  

54 在粉色薄片上切出一条黏土线围在袖子下方，再用丸棒压出一圈圆痕。

⑥ 8.4.3 服装装饰 ⑥

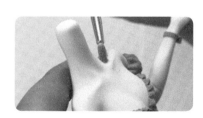 

55

在锁骨和胸口涂上一层红色眼影。

56 切一块粉色长方形薄片，从脖子前方中间开始绕一圈，在接口处安一个蝴蝶结，并在蝴蝶中间粘一颗气泡珠。

 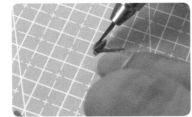 

57 取绿色黏土搓成梭形，再压扁作为叶片。再切两条绿色长条粘在叶子下面。用刻刀在叶片中间划一道叶脉，将两颗红色气泡珠用502快干胶粘在绿枝条一端。最后将做好的樱桃粘在腰带上。

8.5 制作头部

8.5.1 绘制五官

58 用小号毛笔蘸取红褐色颜料，来勾画眼睛。

59 用浅红褐色勾画眉毛和双眼皮。

60 用白色涂眼白，用灰色勾画眼球上的投影。

61 用红褐色画出瞳孔和眼球轮廓。

62 用浅粉色平涂眼球亮部。

63 用深红色平涂眼球暗部。

64 用红褐色再一次勾画瞳孔。

65 用浅粉色绘制眼球高光。

66 用深棕色勾画眼线和睫毛。

67 用白色画出眼球上的高光。

68 用牙签棉棒蘸取红色眼影给嘴巴上色。

69 用毛笔刷子蘸取红色眼影，在眼皮、额头、脸颊和下巴处刷色。

70 分别给眉毛、眼睛、嘴刷上一层水性亮油，五官就绘制完成了。

小贴士 卷发的制作方法

四分之一处
尖
细 粗

要点 01 圆形长条一端尖，一端圆，四分之一处粗且厚。

01 先将黏土搓成一端小一端大的圆柱体，再将大的一端搓尖，制作方法可参考梭形的制作。

要点 02 发片四周薄，中间厚。

02 用压板将长条压扁，按压时围绕四周按方向分次压，保持发片中间厚四周薄。

03 用压板边缘在发片上压出发丝痕迹。一手握住发片，另一只手扭曲发片。

要点 03 卷发的波浪卷越靠发尾卷越小。

8.5.2　制作头发

71　选深棕色黏土揉成半球体，粘在脸型后。用手指慢慢调整后脑勺的外形。取卷发发片从脑袋中间向后贴，再调整一下发片的弯曲度。

72　继续向两侧贴发片，贴好之后可以继续用手指捏一下发卷来调整。

73

制作刘海时先搓一个梭形，将边缘压扁。再用压痕刀压出发丝痕迹，根据压痕剪出发片。最后将发片置于蛋形辅助器上，弯出发片弧度。

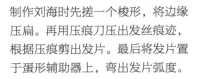

74　将刘海发片贴好，在刘海与后脑勺的间隙处再贴一片发片。

75 制作两片短一些的发片，不需要制作波浪卷，将其贴在两侧鬓角。

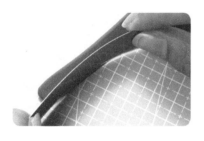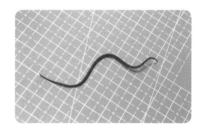

76 在薄片上切出一条细长条，用手指将细长条捏出弯曲弧度。

77 在发片间隙中再粘一些发片，使头发更加浓密。把刚才准备的小发丝贴在发片间隙中。

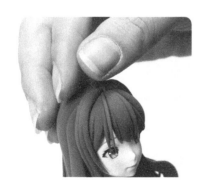

78

制作两片短一些的发片，不需要制作波浪卷，将其贴在两侧鬓角。在刘海处贴上一些细小发丝，再给女孩带上王冠。将头固定到躯干上，这个礼服女孩就做好了。